まえがき

　新学習指導要領の改訂により、小学校で学ぶ内容は英語なども加わり多岐にわたるようになりました。しかし、算数や国語といった教科の大切さは変わりません。

　そして、算数の力を身につけるためには、学校の授業で学んだことを「くり返し学習する」ことが大切です。ただ、学校では学ぶことはたくさんあるけれど、学習時間は限られているため、家庭での取り組みが一層大切になってきます。

ロングセラーをさらに使いやすく

　本書「陰山ドリル　初級算数」は、算数の基礎基本が身につくドリルです。

　長年、小学生や保護者の皆さんに支持されてきました。それは、「家庭」で「くり返し」、「取り組みやすい」よう工夫されているからです。

　今回、指導要領の改訂に合わせ、内容の更新を行うとともに、さらに新しい工夫を加えています。

陰山ドリル初級算数のポイント

・図などを用いた「わかりやすい説明」

・「なぞり書き」で学習をサポート

・大切な単元には理解度がわかる「まとめ」つき

　つまずきを少なくすることで「算数の苦手意識」をなくし、できたという「達成感」が得られるようになります。

　本書が、お子様の学力育成の一助になれば幸いです。

陰山英男・桝谷雄三

も　く　じ

およその面積（1）〜（3）・・・・・・・・・・・・・ 3

円の面積（1）〜（9）・・・・・・・・・・・・・・・・・ 6

　　まとめ・・・・・・・・・・・・・・・・・・・・・・・・・・・ 15

分数のかけ算（1）〜（7）・・・・・・・・・・・ 16

　　まとめ・・・・・・・・・・・・・・・・・・・・・・・・・・・ 23

分数のわり算（1）〜（7）・・・・・・・・・・・ 24

　　まとめ・・・・・・・・・・・・・・・・・・・・・・・・・・・ 31

分数の乗除（1）〜（4）・・・・・・・・・・・・・ 32

　　まとめ・・・・・・・・・・・・・・・・・・・・・・・・・・・ 36

対称な図形（1）〜（8）・・・・・・・・・・・・・ 37

　　まとめ（1）〜（2）・・・・・・・・・・・・・・・ 45

比と比の値（1）〜（8）・・・・・・・・・・・・・ 47

　　まとめ（1）〜（2）・・・・・・・・・・・・・・・ 55

拡大と縮小（1）〜（7）・・・・・・・・・・・・・ 57

角柱・円柱の体積（1）〜（7）・・・・・・・・ 64

　　まとめ・・・・・・・・・・・・・・・・・・・・・・・・・・・ 71

文字と式（1）〜（5）・・・・・・・・・・・・・・・ 72

　　まとめ・・・・・・・・・・・・・・・・・・・・・・・・・・・ 77

比例（1）〜（10）・・・・・・・・・・・・・・・・・ 78

　　まとめ・・・・・・・・・・・・・・・・・・・・・・・・・・・ 88

反比例（1）〜（6）・・・・・・・・・・・・・・・・・ 89

　　まとめ・・・・・・・・・・・・・・・・・・・・・・・・・・・ 95

記録の整理（1）〜（6）・・・・・・・・・・・・・ 96

　　まとめ・・・・・・・・・・・・・・・・・・・・・・・・・ 102

場合の数（1）〜（6）・・・・・・・・・・・・・・ 103

　　まとめ・・・・・・・・・・・・・・・・・・・・・・・・・ 109

分数と小数の四則（1）〜（4）・・・・・・・ 110

　　まとめ・・・・・・・・・・・・・・・・・・・・・・・・・ 114

答え・・・・・・・・・・・・・・・・・・・・・・・・・・・・・・・ 115

およその面積 (1)

名前

月　　日

1 次の形のおよその面積を考えましょう。

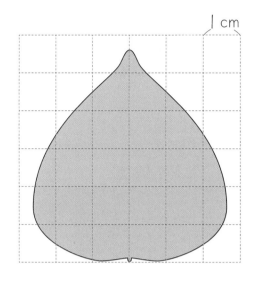

1cm

① ■ は 1 cm² です。

　　〇印をつけながら、何個あるか数えましょう。

（　　　　　）

② ◠ や ◜ は、

1つ 0.5cm² と考えます。

　　×印をつけながら、何個あるか数えましょう。

（　　　　　）

③　この図は、およそ何 cm² と考えればよいですか。

式　　1×　　＋0.5×　　＝

答え

2

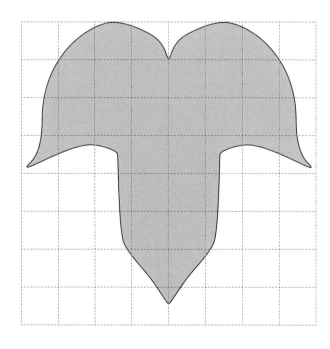

1 と同じように考えて、左の形のおよその面積を求めましょう。

式

答え

およその面積 (2)

名前

❀ 前ページと同じようなやり方で、次の形のおよその面積を求めましょう。

①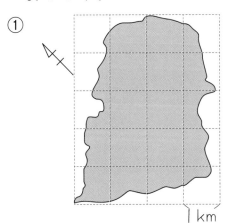

長野県諏訪湖(実際は 13.3km²)

式

答え _____

②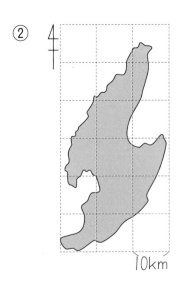

新潟県佐渡島(実際は 855.34km²)

式

答え _____

およその面積 (3)

名前

✿ およその面積を求めましょう。

① A, B それぞれの畑の面積

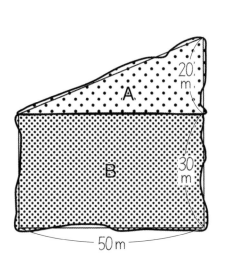

A

式　$50 \times 20 \div 2$

答え _____

B

式

答え _____

② 台形の形に近い田の面積 (100m² 未満は切り捨て)

式

答え _____

円の面積 (1)

名前

❀ 半径 10cm の円の面積について調べてみましょう。

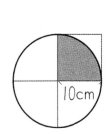

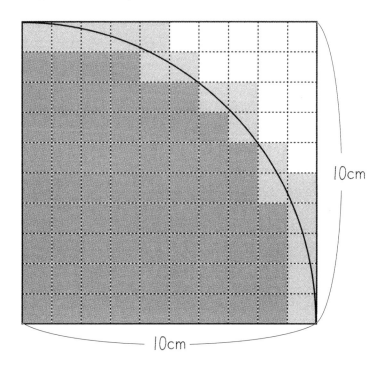

円の $\frac{1}{4}$ をかいて、調べました。

① ▦ (1 cm²) が 69 個→ （　　　）cm²

② ▦ (0.5cm²) が 17 個→(0.5×17＝8.5)　約（　　　）cm²

③ 円全体では、(69＋8.5)×4＝310　　約（　　　）cm²

半径 10cm の円の面積は、半径×半径（正方形）の面積の約3.1倍です。

円の面積 (2)

名前

❀ 円の面積について調べましょう。

① 円を下のように等分しました。

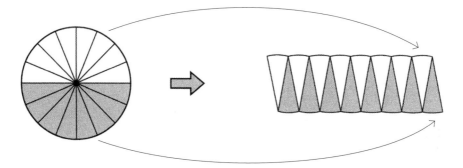

② もっと小さい形に等分しました。

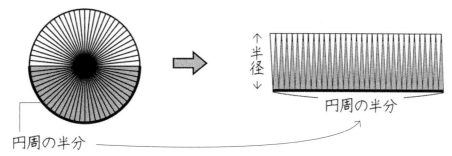

↑半径↓

円周の半分

円周の半分

②の図は、長方形に近い形です。

長方形の面積＝ 縦 × 横

⇓   ⇓   ⇓

円 の 面 積＝（半径）×（円周の半分）

＝（半径）×（半径×２×円周率÷２）

円の面積 ＝ 半径 × 半径 × 円周率
(3.14)

円の面積 (3)

名前

円の面積 ＝ 半径 ✕ 半径 ✕ 円周率

❁　円の面積を求めましょう。(円周率は 3.14)

①
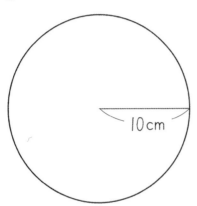
10cm

式

答え _____

②
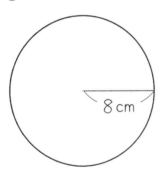
8 cm

式

答え _____

③
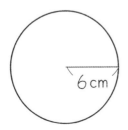
6 cm

式

答え _____

円の面積 (4)

名前

❀　円の面積を求めましょう。(円周率は 3.14)

① 半径 2 cm の円

式

答え _____

② 半径 3 cm の円

式

答え _____

③ 半径 5 cm の円

式

答え _____

④ 半径 20cm の円

式

答え _____

✿　直径が次の長さの円の面積を求めましょう。（円周率は 3.14）

①

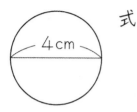

式

答え _____

② 直径 6 cm の円

式

答え _____

③ 直径 10cm の円

式

答え _____

④ 直径 20cm の円

式

答え _____

円の面積 (6)　名前

❀ ▭ の部分の面積を求めましょう。（円周率を３とします）

①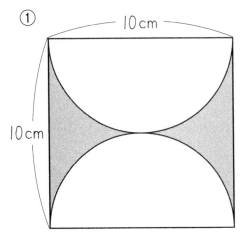

〈ヒント〉

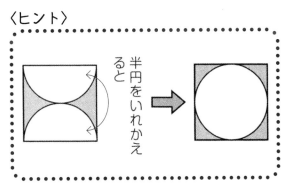

半円をいれかえると

式

▢ $10 \times 10 =$

◯ $(10 \div 2) \times (10 \div 2) \times 3 = 75$

答え _____

②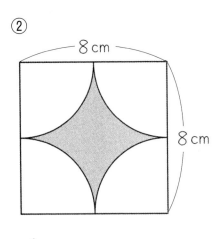

〈ヒント〉

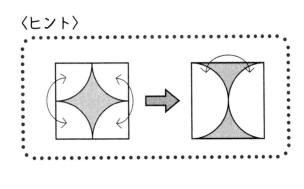

式

答え _____

円の面積 (7)

名前

月　　日

❀ 　　　の部分の面積を求めましょう。（円周率を３とします）

① 式

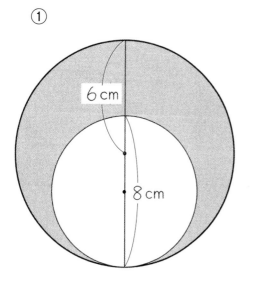

6cm

8cm

答え _____

② 式

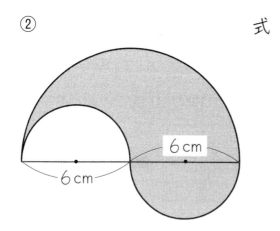

6cm

6cm

答え _____

円の面積 (8)

名前

✿ ▭ の部分の面積を求めましょう。(円周率は 3.14)

① 　　　　　　　　式

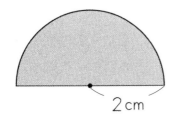

2cm

答え ＿＿＿＿＿＿＿＿＿＿

② 　　　　　　　　式

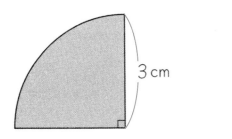

3cm

答え ＿＿＿＿＿＿＿＿＿＿

③ 　　　　　　　　式

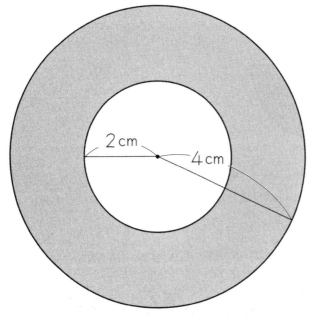

2cm　4cm

答え ＿＿＿＿＿＿＿＿＿＿

名前

月　　日

❀ ▨の部分の面積を求めましょう。(円周率は 3.14)

①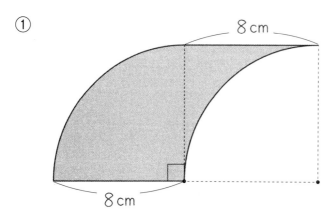

8 cm

8 cm

式

答え _____

②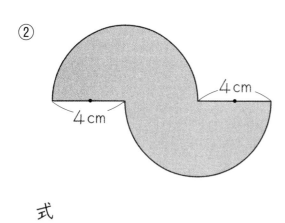

4 cm

4 cm

式

答え _____

円の面積　まとめ　名前

1 半径4cmの円の面積を求めましょう。　　（式10点、答え15点）

式

答え _____

2 次の■の部分の面積を求めましょう。　　（式各10点、答え各15点）

①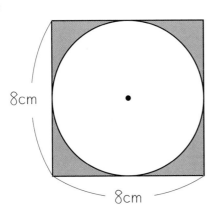

8cm

8cm

式

答え _____

②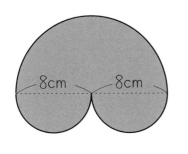

8cm　　8cm

式

答え _____

③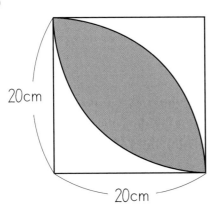

20cm

20cm

式

答え _____

（すべて円周率は3.14）

点

分数のかけ算 (1)

名前

❀　1dL のペンキで、$\dfrac{3}{5}$ m² のかべをぬりました。

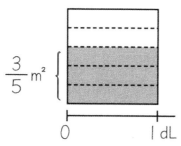

$\dfrac{3}{5}$ m²

0　　　　1 dL

このペンキ $\dfrac{1}{2}$ dL で、何 m² のかべをぬることができるか考えましょう。

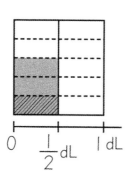

0　$\dfrac{1}{2}$ dL　1 dL

式は　$\dfrac{3}{5} \times \dfrac{1}{2}$

答えは左の図にあるように

$\dfrac{3}{10}$（m²）

$$\dfrac{3}{5} \times \dfrac{1}{2} = \dfrac{3 \times 1}{5 \times 2} = \dfrac{3}{10}$$

答え　　　　　　　　m²

分数のかけ算は、分母どうし、分子どうしをかけます。

$$\dfrac{分子}{分母} \times \dfrac{分子}{分母} = \dfrac{分子 \times 分子}{分母 \times 分母}$$

.... 月　　日

✿　次の計算をしましょう。

① $\dfrac{1}{2} \times \dfrac{1}{3} = \dfrac{1 \times 1}{2 \times 3}$

$\qquad = \dfrac{1}{6}$

② $\dfrac{3}{4} \times \dfrac{3}{5} = \dfrac{\times}{\times}$

$\qquad =$

③ $\dfrac{3}{8} \times \dfrac{3}{5} =$

④ $\dfrac{4}{5} \times \dfrac{7}{9} =$

⑤ $\dfrac{1}{4} \times \dfrac{5}{6} =$

⑥ $\dfrac{2}{3} \times \dfrac{4}{5} =$

⑦ $\dfrac{5}{7} \times \dfrac{3}{4} =$

⑧ $\dfrac{4}{7} \times \dfrac{2}{5} =$

分数のかけ算 (3)　名前

✿　次の計算をしましょう。約分がある場合は、かけ算の前にします。

① $\dfrac{2}{3} \times \dfrac{1}{6} = \dfrac{\overset{1}{\cancel{2}} \times 1}{3 \times \underset{3}{\cancel{6}}}$

$=$

② $\dfrac{2}{5} \times \dfrac{1}{4} =$

③ $\dfrac{3}{7} \times \dfrac{5}{6} =$

④ $\dfrac{3}{5} \times \dfrac{2}{3} =$

⑤ $\dfrac{5}{6} \times \dfrac{7}{10} =$

⑥ $\dfrac{3}{4} \times \dfrac{1}{9} =$

⑦ $\dfrac{5}{8} \times \dfrac{3}{5} =$

⑧ $\dfrac{4}{9} \times \dfrac{1}{6} =$

分数のかけ算 (4)

名前

✿ 次の計算をしましょう。約分がある場合は、かけ算の前にします。

① $\dfrac{2}{3} \times \dfrac{3}{5} = \dfrac{2 \times 3}{3 \times 5}$

$=$

② $\dfrac{3}{4} \times \dfrac{6}{7} =$

③ $\dfrac{1}{2} \times \dfrac{2}{9} =$

④ $\dfrac{1}{6} \times \dfrac{3}{4} =$

⑤ $\dfrac{5}{6} \times \dfrac{3}{7} =$

⑥ $\dfrac{1}{5} \times \dfrac{5}{6} =$

⑦ $\dfrac{3}{10} \times \dfrac{5}{7} =$

⑧ $\dfrac{3}{4} \times \dfrac{6}{11} =$

分数のかけ算 (5)　名前

✿　次の計算をしましょう。約分が2か所あります。

① $\dfrac{5}{7} \times \dfrac{7}{10} = \dfrac{\cancel{5} \times \cancel{7}}{\cancel{7} \times \cancel{10}_2}$

　　　$=$

② $\dfrac{5}{6} \times \dfrac{3}{5} =$

③ $\dfrac{4}{5} \times \dfrac{5}{8} =$

④ $\dfrac{7}{8} \times \dfrac{2}{7} =$

⑤ $\dfrac{2}{9} \times \dfrac{3}{4} =$

⑥ $\dfrac{3}{10} \times \dfrac{2}{3} =$

⑦ $\dfrac{9}{10} \times \dfrac{5}{6} =$

⑧ $\dfrac{3}{4} \times \dfrac{8}{9} =$

名前

✿ 次の計算をしましょう。約分がある問題も、ない問題もあります。

① $\dfrac{1}{3} \times \dfrac{1}{3} =$

② $\dfrac{3}{5} \times \dfrac{5}{7} =$

③ $\dfrac{2}{3} \times \dfrac{9}{10} =$

④ $\dfrac{2}{3} \times \dfrac{5}{6} =$

⑤ $\dfrac{2}{5} \times \dfrac{5}{16} =$

⑥ $\dfrac{5}{6} \times \dfrac{3}{8} =$

⑦ $\dfrac{3}{5} \times \dfrac{2}{9} =$

⑧ $\dfrac{3}{4} \times \dfrac{2}{15} =$

分数のかけ算 (7)

名前

✿　次の計算をしましょう。約分がある場合は、かけ算の前にします。答えは仮分数でかきましょう。

$$\boxed{整数} \times \dfrac{\boxed{分子}}{\boxed{分母}} = \dfrac{\boxed{整数} \times \boxed{分子}}{\boxed{分母}}$$

① $2 \times \dfrac{2}{5} = \dfrac{2 \times 2}{5}$

　　$=$

② $2 \times \dfrac{3}{7} =$

③ $6 \times \dfrac{3}{4} =$

④ $4 \times \dfrac{7}{12} =$

⑤ $4 \times \dfrac{3}{16} =$

⑥ $7 \times \dfrac{5}{21} =$

⑦ $5 \times \dfrac{1}{10} =$

⑧ $8 \times \dfrac{5}{12} =$

次の計算をしましょう。　　　　　　　　　　　（各10点）

① $\dfrac{5}{6} \times \dfrac{1}{5} =$

② $\dfrac{7}{9} \times \dfrac{5}{14} =$

③ $\dfrac{6}{7} \times \dfrac{5}{12} =$

④ $\dfrac{3}{4} \times \dfrac{5}{27} =$

⑤ $\dfrac{5}{24} \times \dfrac{8}{11} =$

⑥ $\dfrac{4}{15} \times \dfrac{10}{11} =$

⑦ $\dfrac{5}{6} \times \dfrac{2}{5} =$

⑧ $\dfrac{5}{7} \times \dfrac{7}{10} =$

⑨ $\dfrac{25}{28} \times \dfrac{14}{15} =$

⑩ $\dfrac{5}{3} \times \dfrac{9}{25} =$

点

分数のわり算 (1)

名前

❀ $\frac{1}{2}$ dL のペンキで、$\frac{2}{5}$ m² のかべをぬりました。

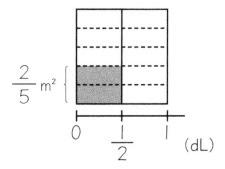

このペンキ 1 dL では、かべを何 m² ぬることができるか考えましょう。

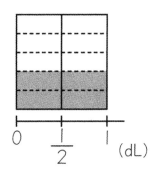

1 dL あたりを求めるので式は、

$$\frac{2}{5} \div \frac{1}{2}$$

答えは、左の図にあるように

$$\frac{4}{5} \quad (m^2)$$

$$\frac{2}{5} \div \frac{1}{2} = \frac{2}{5} \times \frac{2}{1}$$

$$= \frac{2 \times 2}{5 \times 1} = \frac{4}{5}$$

答え　　　　　　 m²

分数のわり算は、わる数の分数の分母と分子を逆にしてからかけます。

例 $\frac{3}{4} \div \frac{4}{5} = \frac{3}{4} \times \frac{5}{4}$

分数のわり算 (2)   名前

❀ 次の計算をしましょう。（商は仮分数でかきましょう。）

① $\dfrac{2}{3} \div \dfrac{3}{4} =$
　　　　　　　　　　　　② $\dfrac{1}{5} \div \dfrac{5}{8} =$

③ $\dfrac{1}{6} \div \dfrac{2}{7} =$
　　　　　　　　　　　　④ $\dfrac{5}{8} \div \dfrac{2}{3} =$

⑤ $\dfrac{1}{4} \div \dfrac{4}{7} =$
　　　　　　　　　　　　⑥ $\dfrac{5}{7} \div \dfrac{3}{8} =$

⑦ $\dfrac{4}{5} \div \dfrac{5}{8} =$
　　　　　　　　　　　　⑧ $\dfrac{3}{8} \div \dfrac{5}{9} =$

月　　日

✿　次の計算をしましょう。約分できる場合は、とちゅうで約分します。

① $\dfrac{5}{12} \div \dfrac{5}{7} = \dfrac{5}{12} \times \dfrac{7}{5}$

$= \dfrac{5 \times 7}{12 \times 5}$

$= \dfrac{}{}$

② $\dfrac{2}{5} \div \dfrac{4}{7} =$

③ $\dfrac{2}{7} \div \dfrac{2}{5} =$

④ $\dfrac{3}{5} \div \dfrac{9}{11} =$

⑤ $\dfrac{4}{7} \div \dfrac{8}{11} =$

⑥ $\dfrac{4}{9} \div \dfrac{6}{7} =$

分数のわり算 (4)

名前

❀ 次の計算をしましょう。約分できる場合は、とちゅうで約分
します。

① $\dfrac{3}{4} \div \dfrac{5}{6} = \dfrac{3}{4} \times \dfrac{6}{5}$

$= \dfrac{3 \times \overset{3}{\cancel{6}}}{\underset{2}{\cancel{4}} \times 5}$

$= \dfrac{}{}$

② $\dfrac{3}{5} \div \dfrac{7}{10} =$

③ $\dfrac{5}{6} \div \dfrac{8}{9} =$

④ $\dfrac{2}{7} \div \dfrac{5}{7} =$

⑤ $\dfrac{1}{2} \div \dfrac{3}{4} =$

⑥ $\dfrac{3}{4} \div \dfrac{7}{8} =$

❀　次の計算をしましょう。約分が2回あります。

① $\dfrac{2}{5} \div \dfrac{4}{5} = \dfrac{2}{5} \times \dfrac{5}{4}$

$= \dfrac{2 \times 5}{5 \times 4}$

$=$

② $\dfrac{2}{7} \div \dfrac{6}{7} =$

③ $\dfrac{3}{8} \div \dfrac{9}{10} =$

④ $\dfrac{2}{9} \div \dfrac{4}{9} =$

⑤ $\dfrac{7}{10} \div \dfrac{7}{8} =$

⑥ $\dfrac{5}{12} \div \dfrac{5}{6} =$

分数のわり算 (6) 名前

✿ 次の計算をしましょう。約分に気をつけましょう。

① $\dfrac{1}{2} \div \dfrac{2}{3} =$

② $\dfrac{1}{3} \div \dfrac{5}{6} =$

③ $\dfrac{2}{5} \div \dfrac{7}{15} =$

④ $\dfrac{4}{7} \div \dfrac{8}{9} =$

⑤ $\dfrac{2}{3} \div \dfrac{14}{15} =$

⑥ $\dfrac{2}{5} \div \dfrac{8}{15} =$

月　　　日

✿　次の計算をしましょう。整数を $\frac{\square}{1}$ のようにしてから計算します。商は仮分数でかきましょう。

① $3 \div \dfrac{4}{5} = \dfrac{3}{1} \times \dfrac{5}{4}$

$= \dfrac{3 \times 5}{1 \times 4}$

$=$

② $6 \div \dfrac{4}{7} =$

③ $8 \div \dfrac{12}{5} =$

④ $5 \div \dfrac{10}{11} =$

⑤ $4 \div \dfrac{6}{7} =$

⑥ $9 \div \dfrac{6}{7} =$

分数のわり算　まとめ

名前

次の計算をしましょう。商は仮分数でかきましょう。

（各10点）

① $\dfrac{1}{6} \div \dfrac{2}{5} =$

② $\dfrac{3}{7} \div \dfrac{4}{5} =$

③ $\dfrac{4}{5} \div \dfrac{6}{7} =$

④ $\dfrac{4}{7} \div \dfrac{2}{3} =$

⑤ $\dfrac{4}{9} \div \dfrac{12}{13} =$

⑥ $\dfrac{5}{6} \div \dfrac{8}{9} =$

⑦ $\dfrac{5}{16} \div \dfrac{3}{8} =$

⑧ $\dfrac{2}{3} \div \dfrac{7}{18} =$

⑨ $\dfrac{3}{8} \div \dfrac{9}{10} =$

⑩ $\dfrac{14}{27} \div \dfrac{7}{9} =$

点

月　　日

❀　次の計算をしましょう。

① $\dfrac{1}{3} \times \dfrac{1}{2} \div \dfrac{5}{6} = \dfrac{1}{3} \times \dfrac{1}{2} \times \dfrac{6}{5}$

$= \dfrac{1 \times 1 \times 6}{3 \times 2 \times 5}$

$=$

② $\dfrac{5}{8} \div \dfrac{3}{4} \div \dfrac{5}{9} =$

③ $\dfrac{7}{4} \div 7 \times \dfrac{6}{5} =$

1 次の計算をしましょう。

$$\frac{2}{5} \times \frac{5}{2} = \frac{2 \times 5}{5 \times 2} = 1$$

2つの数の積が 1 になるとき、一方の数を他方の数の
逆数（ぎゃくすう）といいます。

---

2 次の数の逆数をかきましょう。

① $\frac{2}{3}$ →　　　　　　② $\frac{4}{5}$ →

③ $\frac{8}{7}$ →　　　　　　④ $\frac{10}{9}$ →

- 整数の逆数　$3 \left(\frac{3}{1} \right)$ の逆数は $\frac{1}{3}$

- 小数の逆数　$0.7 \left(\frac{7}{10} \right)$ の逆数は $\frac{10}{7}$

---

3 次の数の逆数をかきましょう。

① 4　→　　　　　　② 6　→

③ 0.3 →　　　　　　④ 0.9 →

名前

❀ 次の計算をしましょう。

① $\dfrac{1}{3} \div 0.7 \times \dfrac{8}{5} = \dfrac{1}{3} \div \dfrac{7}{10} \times \dfrac{8}{5}$

$= \dfrac{1}{3} \times \dfrac{\overset{2}{\cancel{10}}}{7} \times \dfrac{8}{5}$

$=$

② $0.6 \times \dfrac{2}{5} \div \dfrac{7}{15} =$

③ $\dfrac{3}{5} \times \dfrac{5}{6} \times 0.4 =$

分数の乗除 (4)

名前

月　　日

✾　次の計算をしましょう。

① $0.3 \div \dfrac{7}{10} \div \dfrac{3}{4} =$

② $\dfrac{3}{7} \times \dfrac{7}{9} \times 0.5 =$

③ $\dfrac{9}{8} \times 0.2 \div \dfrac{3}{5} =$

名前

1　次の計算をしましょう。　　　　　　　　　　　（各20点）

① $\dfrac{3}{4} \times \dfrac{2}{5} \times \dfrac{10}{9} =$

② $\dfrac{5}{32} \times 8 \div \dfrac{4}{5} =$

③ $\dfrac{6}{7} \div \dfrac{9}{14} \times \dfrac{3}{8} =$

④ $\dfrac{4}{7} \div \dfrac{6}{7} \div \dfrac{14}{15} =$

2　小数を分数にして、約分もして計算しましょう。　（各10点）

① $600 \div 0.6 =$

② $5.5 \times \dfrac{20}{11} =$

点

対称な図形 (1)

名前

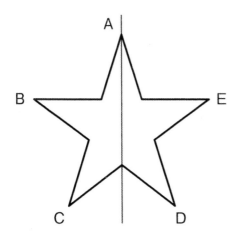

❀　左の図について考えましょう。

①　中央の線で2つに折ると
ぴったり重なりますか。

（　　　　　　　　　　）

　1本の直線を折り目にして折ったとき、両側がきちん
と重なる図形を、**線対称な図形** といいます。

　また、折り
目になる直線
を**対称の軸**と
いいます。

線対称な図形

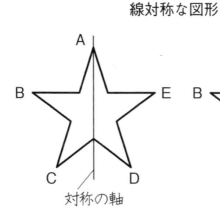

対称の軸

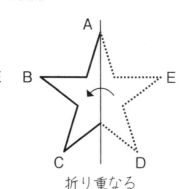

折り重なる

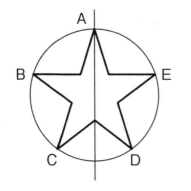

②　中央の線で折り重ねたとき、重なり
合う点をかきましょう。

　⑦　Bと重なり合う点　（　　　　　）

　⑦　Cと重なり合う点　（　　　　　）

❀ 線対称な図形について考えましょう。
　対称の軸ＡＤで２つに折ります。

① 重なり合う点は、どれとどれですか。

（点Ｂと 点＿＿＿＿＿）

（点Ｃと 点＿＿＿＿＿）

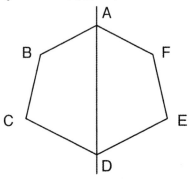

対称の軸

② 重なり合う角は、どれですか。

（角Ｂと 角＿＿＿＿＿）

（角Ｃと 角＿＿＿＿＿）

③ 重なり合う直線は、どれですか。

㋐（直線ＡＢと 直線＿＿＿＿＿）

㋑（直線ＢＣと 直線＿＿＿＿＿）

㋒（直線ＣＤと 直線＿＿＿＿＿）

　線対称な図形で、対称の軸で折ったとき、きちんと重なり合う１組の点や角や線を、**対応する点、対応する角、対応する線** といいます。

対称な図形 (3)

名前

.... 月 　 日 ✎

線対称な図形では、対応する点を結ぶ直線は、対称の軸と垂直に交わります。また、対称の軸から2つの点までの長さは、等しくなっています。

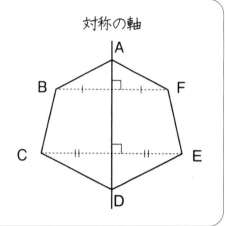

対称の軸

❀　線対称な図形を仕上げましょう。

① 対称の軸

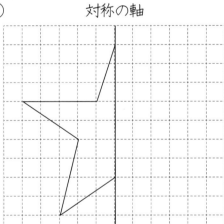

② 対称の軸

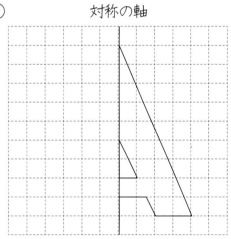

③

対称の軸

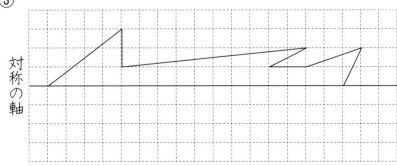

対称な図形 (4)

❀　下の図形は線対称な図形です。対称の軸をかきましょう。

①

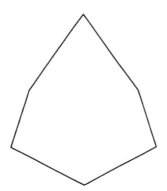

②

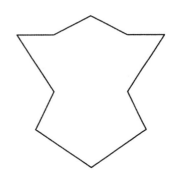

③

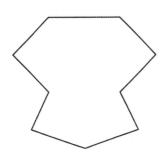

④

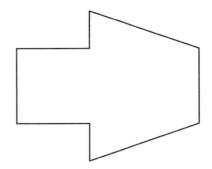

⑤　対称の軸が2本あります。

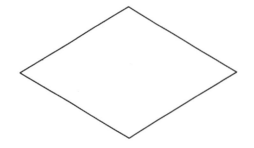

⑥　対称の軸が2本あります。

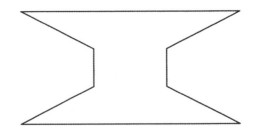

1 下の図形について考えましょう。

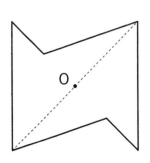

① この図を点Oを中心にぐるっと回して、逆さにしてみましょう。
何度回したことになりますか。

（　　　　　　）

② もとの図と、逆さにしたときの図はきちんと重なりますか。

（　　　　　　）

　　ある点を中心にして 180°回転させたとき、もとの図形ときちんと重なる図形を **点対称な図形** といいます。
　　また、中心の点を **対称の中心** といいます。

2 点対称な図形を、点Oを中心にして、180°回転させたときの重なりについて調べましょう。

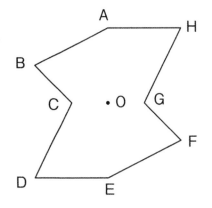

① 重なる点をかきましょう。

点Aと（　　　）

点Bと（　　　）

② 重なる直線をかきましょう。

直線ABと（　　　　　　）

直線CDと（　　　　　　）

③ 角ABCと重なる角をかきましょう。（　　　　　　）

1 四角形ＡＢＣＤを、点Ｏを中心に 180°回転させ、下の点対称な図形を作りました。

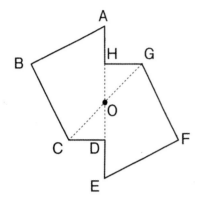

① 点Ａと重なる点をかきましょう。

（　　　　　）

② 直線ＢＣと重なる直線をかきましょう。　（　　　　　）

③ 角Ｂと重なる角をかきましょう。

（　　　　　）

点対称な図形で、対称の中心で 180°回転させたとき、きちんと重なる１組の点や線や角を、**対応する点、対応する線、対応する角** といいます。

2 点対称な図形で対応する点、線、角を答えましょう。

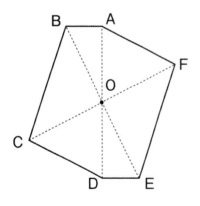

① 点Ａと対応する点

（　　　　　）

② 直線ＡＢと対応する線

（　　　　　）

③ 角Ｃと対応する角

（　　　　　）

対称な図形 (7)

名前

点対称（てんたいしょう）な図形では、対応する点を結ぶ直線は、対称の中心を通ります。また、対称の中心から、対応する2つの点までの長さは、等しくなります。

✿　下の図は、点対称な図形です。対応する点を結び、点対称の中心を求め、○とかきましょう。

①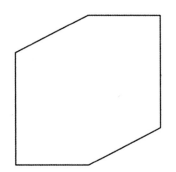

②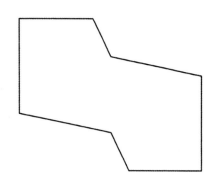

③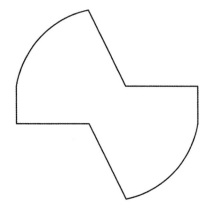

④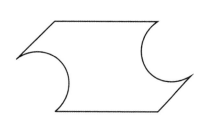

対称な図形 (8)

名前

❀ 点対称な図形をかいています。続きをかいて仕上げましょう。
点Oは、対称の中心です。

①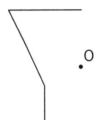

②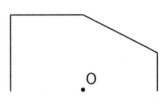

③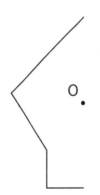

④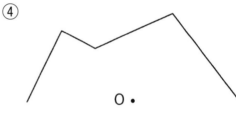

⑤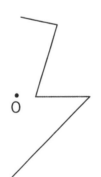

⑥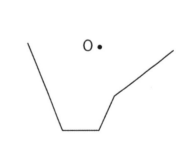

対称な図形 まとめ (1)　名前

✿　線対称な図形と点対称な図形を仕上げましょう。　（①②各15点、③各20点）

> ＡＢ＝対称の軸
> Ｏ＝対称の中心

① 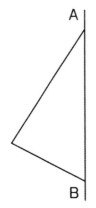　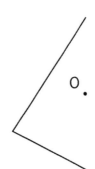

② 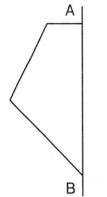　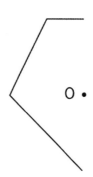

③ 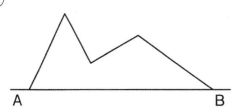　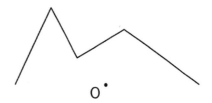

点

対称な図形 まとめ (2)　名前

✿　線対称な図形には「線」、点対称な図形には「点」とかきましょう。※（線・点）となる図形もあります。　（各20点）

①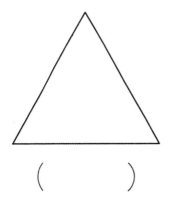

（　　　）

②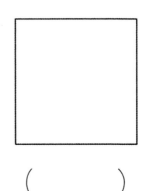

（　　　）

③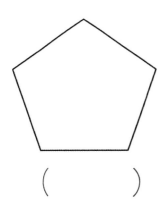

（　　　）

④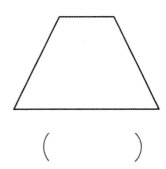

（　　　）

⑤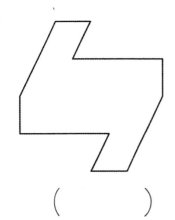

（　　　）

点

月　　日

す小さじ2はいとサラダ油小さじ3ばいを混ぜて、ドレッシングを作りました。おいしかったので、作り方を覚えておこうと思います。

小さじ　　　す　　　　　　　　　サラダ油

　　おいしいドレッシングを作るには、すとサラダ油を
2：3で混ぜればいいといいます。
2：3は「二対三」と読みます。

　　また、このような表し方を **比** といいます。

　　上のおいしいドレッシングのサラダ油の量をもとにした、すの量の割合を求めましょう。

比　2：3　　　割合　$2 \div 3 = \dfrac{2}{3}$

この$\dfrac{2}{3}$を　2：3の **比の値** といいます。

❀　次の比の値を求めましょう。

① 3：4 →　　　　　　　② 5：7 →

③ 6：3 →　　　　　　　④ 10：2 →

⑤ $\dfrac{1}{2} : \dfrac{1}{3}$ →　　　　　　⑥ $\dfrac{3}{4} : \dfrac{5}{6}$ →

比と比の値 (2)

名前

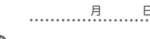

月　　日

前のページと同じ味のドレッシングを倍の量作ります。

す　　　　　　　　　サラダ油

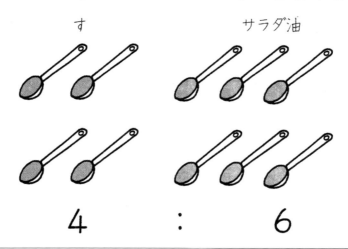

4　　：　　6

　　2つの比が同じ割合（わりあい）を表しているとき、また比の値（あたい）が等しいとき、**2つは等しい比**といいます。

$$2 : 3 = 4 : 6$$

・2：3と同じ比を作る。

　2：3の2、3に同じ数をかけます。

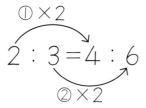

①　2を2倍して4
②　3を2倍して6

✿　等しい比を作りましょう。

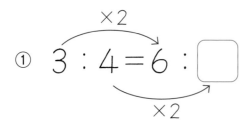

①　3：4＝6：□

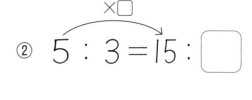

②　5：3＝15：□

比と比の値 (3)

名前

☘ 同じ数をかけて等しい比を作り、□に数を入れましょう。

① 2 : 5 = 4 : □

② 2 : 7 = 4 : □

③ 2 : 5 = 6 : □

④ 2 : 7 = 8 : □

⑤ 3 : 7 = 9 : □

⑥ 8 : 9 = 64 : □

⑦ 4 : 5 = □ : 25

⑧ 7 : 8 = □ : 56

⑨ 7 : 3 = □ : 21

⑩ 3 : 4 = □ : 36

比と比の値 (4)

名前

小さじ6：9を大さじで表すと、2：3になります。

す　　　　サラダ油

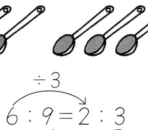

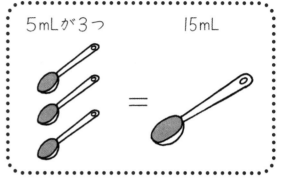

5mLが3つ　　　　　15mL

小さじのドレッシングを大さじ
で表すと、2：3になります。

6：9＝2：3

で等しい比になります。

$$6：9＝2：3$$
$$÷3$$

❀ 同じ数でわって、等しい比を作りましょう。

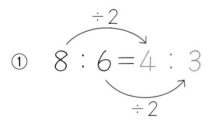

① 8：6＝4：3

② 10：8＝　：

③ 8：14＝　：

④ 15：21＝　：

⑤ 12：10＝　：

⑥ 15：20＝　：

名前

✿ 等しい比を作り、□に数を入れましょう。

① $20 : 25 = 4 : \boxed{}$ （÷5、÷□）

② $18 : 27 = 2 : \boxed{}$ （÷9、÷□）

③ $9 : 6 = 3 : \boxed{}$

④ $4 : 16 = 1 : \boxed{}$

⑤ $21 : 18 = 7 : \boxed{}$

⑥ $9 : 12 = 3 : \boxed{}$

⑦ $14 : 8 = \boxed{} : 4$

⑧ $40 : 72 = \boxed{} : 9$

⑨ $36 : 27 = \boxed{} : 3$

⑩ $49 : 14 = \boxed{} : 2$

比と比の値 (6) 名前

1 等しい比を作りましょう。

(分母の最小公倍数をかけて整数にする)

① $\dfrac{1}{2} : \dfrac{1}{3} =$　　　　② $\dfrac{2}{3} : \dfrac{3}{4} =$

③ $\dfrac{2}{5} : \dfrac{1}{4} =$　　　　④ $\dfrac{3}{8} : \dfrac{5}{6} =$

(10 をかけて整数にする)

⑤ $0.3 : 0.4 =$　　　　⑥ $0.2 : 0.7 =$

⑦ $1.5 : 0.7 =$　　　　⑧ $2.3 : 3.5 =$

2 比の値を求めて等しい比を見つけましょう。

① $28 : 35 \rightarrow$

② $18 : 24 \rightarrow$

③ $4 : 5 \rightarrow$

④ $3 : 4 \rightarrow$

（　　と　　）, （　　と　　）

比と比の値 (7)

名前

1 まさお君の学級園では、野菜畑の面積と花畑の面積の比が 3：5です。花畑の面積を 10m² とすると、野菜畑の面積は何 m² ですか。

$$3 : 5 = \boxed{} : 10$$

答え _____

2 山下さんと林さんが色紙を持っています。その枚数の比は 4：5です。山下さんの持っている色紙は 20 枚です。林さん の持っている色紙は何枚ですか。

答え _____

3 りんごとなしの値段の比は4：5です。りんごの値段を 100 円とすると、なしの値段は何円ですか。

答え _____

4 村上君の学校の図書館にある歴史の本と科学の本の冊数の比 は、9：8です。歴史の本が 450 冊あります。科学の本は何冊 ですか。

答え _____

比と比の値 (8)　名前

1　ひろし君の学級の男子と女子の人数の比の値は $\dfrac{4}{5}$ です。男子は 20 人です。女子は何人ですか。

式　$20 \div \dfrac{4}{5}$

答え _____

2　縦の長さと横の長さの比の値が 0.7 の旗を作ります。横の長さを 80cm にすると、縦の長さは何 cm になりますか。

式　80×0.7

答え _____

3　コーヒーと牛乳を混ぜて、コーヒー牛乳を作ります。コーヒーと牛乳の比の値は 0.75 です。コーヒーを 75mL にすると、牛乳は何 mL 必要ですか。

式

答え _____

4　赤いリボンと青いリボンの長さの比の値は、$\dfrac{4}{7}$ です。青いリボンが 42cm のとき、赤いリボンは何 cm ですか。

式

答え _____

月　　日

1　次の比の値を求めましょう。　　　　　　　　　（各10点）

① $5 : 8$　　　　　　② $36 : 24$

③ $0.25 : 5$　　　　　④ $7.2 : 2.4$

⑤ $\dfrac{2}{5} : \dfrac{1}{6}$　　　　　⑥ $\dfrac{3}{7} : \dfrac{1}{3} =$

2　次の比を簡単にしましょう。　　　　　　　　　（各10点）

① $12 : 16 =$　　　　② $5.4 : 3.6 =$

3　次の比で、$2 : 5$ と等しいのはどれですか。　　（20点）

㋐ $0.2 : 0.5$　　　　　㋑ $1 : 0.5$

㋒ $0.6 : 1$

（　　　　　　　　）

点

比と比の値　まとめ (2) 名前

1 オレンジとりんごの値段の比は、3：5です。
　りんごの値段を150円とすると、オレンジの値段はいくらですか。
(式10点、答え15点)

式

答え _____

2 学校の図書館にある小説と虫の本の冊数の比は4：3です
　小説は440冊あります。虫の本は何冊ありますか。
(式10点、答え15点)

式

答え _____

3 砂糖と小麦粉の重さの比を2：5にしてケーキを作ります。
① 小麦粉を150gにすると、砂糖は何gいりますか。
(式10点、答え15点)

式

答え _____

② 砂糖80gにすると、小麦粉は何gいりますか。
(式10点、答え15点)

式

答え _____

点

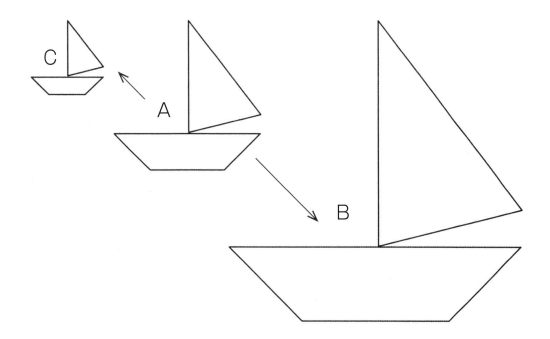

　Aの図を形は変えないでBのように大きくしました。これを 拡大 するといいます。BはAの 拡大図 です。

　Cは、形を変えないで小さくしました。これを 縮小 するといいます。CはAの 縮図 です。

　そして、どの部分の長さも2倍にした図を「2倍の拡大図」といいます。どの部分の長さも $\frac{1}{2}$ に縮めた図を「$\frac{1}{2}$ の縮図」といいます。

拡大と縮小 (2)

名前

✿ 下の左の図の「2倍の拡大図」を右にかきました。

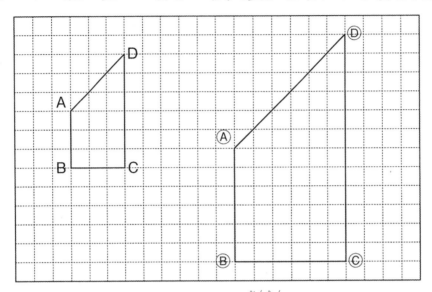

① 対応する辺の長さの比を簡単な比で表しましょう。

⑦ (辺 AB) : (辺Ⓐ Ⓑ) = (：)

⑦ (辺 CD) : (辺Ⓒ Ⓓ) = (：)

② 対応する角の大きさを比べましょう。

⑦ 角 B ( ) と 角Ⓑ ( )

⑦ 角 D ( ) と 角Ⓓ ( )

③ 他にも対応する辺の長さの比や、角の大きさを調べてみましょう。

拡大図や縮図では、対応する辺の長さの比はすべて等しくなります。また、対応する角の大きさは等しくなります。

拡大と縮小 (3)　名前

1 下の図の2倍の拡大図をかきましょう。また、$\frac{1}{2}$の縮図もかきましょう。

拡大図　　　　　縮図

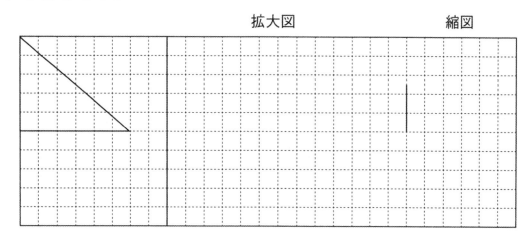

2 下の三角形の2倍の拡大図を、定規と分度器を使ってかきましょう。

①

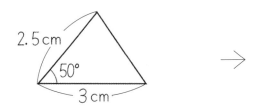

→

6cm

②

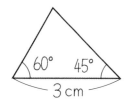

→

6cm

拡大と縮小 (4)

名前

1 下の三角形の縮図をかきましょう。

①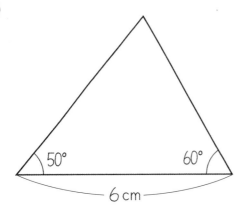

 $\frac{1}{2}$ の縮図

3 cm

②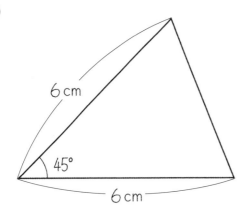

 $\frac{1}{3}$ の縮図

2 cm

2 下の三角形の $\frac{1}{2}$ の縮図を、頂点Aを中心にしてかきましょう。

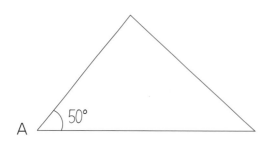

拡大と縮小 (5)　名前

縮図^{しゅくず}で、長さを縮^{ちぢ}めた割合^{わりあい}を　縮尺^{しゅくしゃく} といいます。

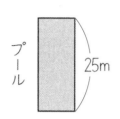

左の縮図は、実際は 25m あるプールの縦^{たて}の長さを 25mm に縮めてかいています。

縮図の長さ：実際の長さ
25mm：25m
25mm：25000mm ＝ 25：25000
＝ 1：1000

上の図の縮尺は 1：1000 です。縮尺 $\dfrac{1}{1000}$ ともいいます。

1 地図では、下のような方法で縮尺を表すことがあります。

　0 から 2 の間は 2 cm ですが、地図上では、2 km になるということを表しています。縮尺はいくらですか。

```
0    1    2
|—|—|—|—|
          (km)
```

答え ＿＿＿＿＿＿＿＿＿＿

2 次の体育館の縮図は、いくらの縮尺でかかれていますか。
　実際は 40m ある体育館の長さを 4 cm でかいています。

```
←—— 40m ——→
┌─────────────┐
│             │
│   体育館     │
│             │
└─────────────┘
```

答え ＿＿＿＿＿＿＿＿＿＿

実際に長さを測るのがむずかしいところでも、縮図をかいて、およその長さを求めることができます。

1 下の図 $\frac{1}{1000}$ の縮図です。川はばの実際の長さは約何mですか。

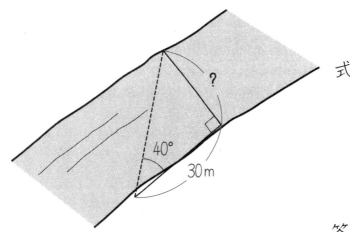

式

答え　約 _____

2 実際の長さが40mで 縮尺 が $\frac{1}{1000}$ のとき、縮図上の長さを求めましょう。

式　$40\,(m) \times \dfrac{1}{1000} \Rightarrow \dfrac{4000\,(cm)}{1000} =$

答え _____

3 実際の長さが10kmで、縮尺が 1：200000 のとき、縮図上の長さを求めましょう。

式

答え _____

拡大と縮小 (7)

月　　日

1 実際の長さが 4km で、縮図上の長さが 1cm のときの、縮尺を求めましょう。

$$\frac{1\,(\text{cm})}{4\,(\text{km})} \Rightarrow \frac{1\,(\text{cm})}{400000\,(\text{cm})} =$$

答え _____

2 実際の長さが 6km で、縮図上の長さが 2cm のときの、縮尺を求めましょう。

答え _____

3 縮尺 $\frac{1}{1000}$ の縮図上で、4cm の長さは、実際には何 m ですか。

式　$4\,(\text{cm}) \div \frac{1}{1000} = 4\,(\text{cm}) \times 1000 =$ 　　　　　(cm)

答え _____

4 縮尺 $\frac{1}{20000}$ の縮図上で、5cm の長さは実際には何 m ですか。

式

答え _____

✿　次の立体の体積の求め方を考えましょう。

① 直方体と考えて体積を求めましょう。

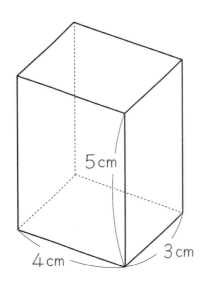

縦　　3 cm
横　　4 cm
高さ　5 cm

式

答え　　　　　　　cm³

② ▨の部分の広さを底面積といいます。底面積は、縦×横で求められます。体積を求めましょう。

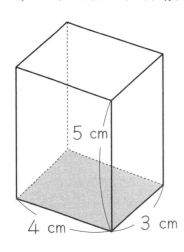

（底面積）×（高さ）＝（体積）

3×4 ×　□　＝　□

答え

四角柱の体積＝底面積×高さ

角柱・円柱の体積 (2)　名前

❀　四角柱を半分にした三角柱の体積の求め方を考えましょう。

①　四角柱を半分にした三角柱です。直方体の体積を求めてから、半分にします。

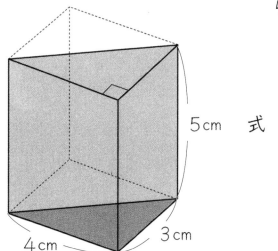

5cm

4cm　　3cm

底面積 × 高さ ÷ 2

式

答え _____

②　上の三角柱の底面積を考えて、体積を求めましょう。

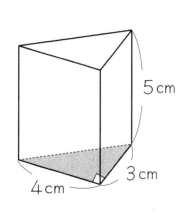

5cm

4cm　　3cm

①は $\left(\underset{\text{底面積}}{3} \times \underset{\text{×高さ}}{4 \times 5} \underset{\text{÷2}}{÷ 2} \right)$ で求めました。

四角柱　　の半分

三角柱の底面積は、三角形なので

(底辺) × (三角形の高さ) ÷ 2

$3 \times 4 ÷ 2$ となります。

$\underset{\text{(底面積)}}{3 \times 4 ÷ 2} \times \underset{\text{(立体の高さ)}}{5} = (\quad\quad)$ 体積

答え _____

> 三角柱の体積＝底面積×高さ

角柱・円柱の体積 (3)　名前

❀　底面の対角線が２cm と４cm のひし形をした柱体の体積の求め方を考えましょう。

。印は、同じ面積です。

あ

4cm

い

① 四角柱いの体積を求めましょう。

式

答え

② もとの立体あは、四角柱いの半分の体積です。
あの体積を求めましょう。

式　（　　　）×（　　　）×（　　　）÷２

答え

③ あの体積を底面積×高さで計算しましょう。

$2 \times 4 \div 2 \times (\quad) = (\quad)$

底面積　　　高さ

答え

角柱の体積＝底面積×高さ

.... 月　　日

✿　公式を使って次の角柱の体積を求めましょう。

①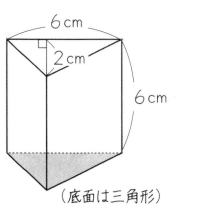

（底面は三角形）

式

答え _____

②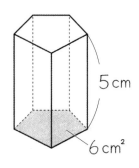

式

答え _____

③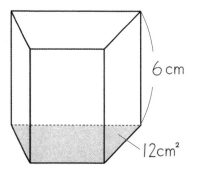

式

答え _____

名前

月　　日

❀　円柱の体積の求め方について考えましょう。

① 角柱の体積は、

（　　　　　　　）×高さ

で求められます。

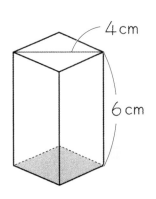

② 底面の辺の数をどんどん増やします。

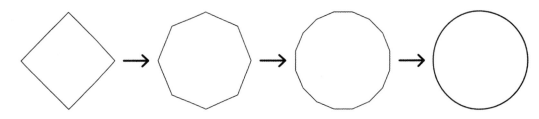

底面がだんだん円に近くなっていきます。
つまり円柱の体積も、底面積×高さで求められます。

> 円柱の体積＝底面積×高さ

③ 次の円柱の体積を求めましょう。

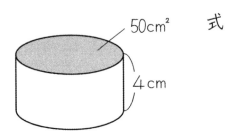

式

答え _____

........月....日

❀ 次の柱体の体積を求めましょう。

①

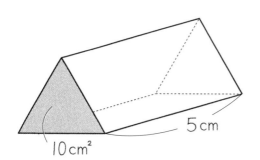

5cm

10cm²

式

答え_____

②

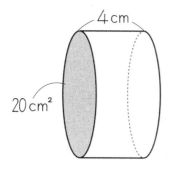

4cm

20cm²

式

答え_____

③

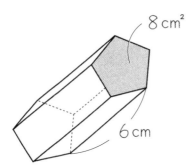

8cm²

6cm

式

答え_____

月　　日

❀　次の柱体の体積を求めましょう。

①　底面積が 20cm² で高さが 5cm の円柱

式

答え _____

②　底面積が 25cm² で高さが 4cm の六角柱

式

答え _____

③　底面の半径が 10cm で高さが 10cm の円柱（円周率3.14）

式

答え _____

④　底面が 1辺 5cm の正方形で高さが 8cm の四角柱

式

答え _____

角柱・円柱の体積　まとめ 名前

1 次の体積を求めましょう。　　（式各10点、答え各15点）

①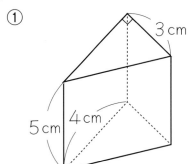

式

答え _____

②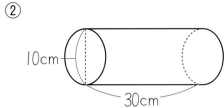

式

答え _____

③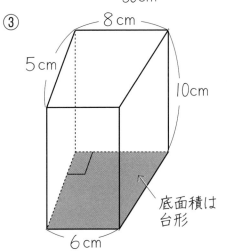

式

答え _____

2 次の三角柱の体積は50cm³です。角柱の高さを求めましょう。

（式10点、答え15点）

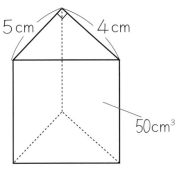

式

答え _____

点

文字と式 (1)

名前

1 次のことを、x を使った式に表しましょう。

① 200円のケーキを x 個買ったときの代金

($200 \times x$)

② 500円を持って行って、x 円の買い物をしたときのおつり

(   )

③ 面積が24m² の長方形の土地の縦の長さが、xm のときの横の長さ

(   )

2 次の式のときの x を求めましょう。

① $x - 6 = 3$

$x =$

② $5 + x = 12$

$x =$

③ $5 \times x = 30$

$x =$

④ $9 \times x = 72$

$x =$

⑤ $x + 30 = 50$

$x =$

⑥ $30 - x = 10$

$x =$

文字と式 ⑵

名前

❀　500円を持って買い物に行きました。このとき使った金額と
おつりについて考えましょう。

持っていた金額		使った金額		おつり
500	−	100	=	400
500	−	200	=	300
500	−	300	=	200
500	−	400	=	100
500	−	500	=	0

① 　上の式で、変わらない数は何の金額で、いくらですか。

（　　　　　　　　　，　　　　　　　　）

② 　いろいろ変わる数は何と何ですか。

（　　　　　　　　）（　　　　　　　　）

> 　いろいろ変わる数を x や y などの文字を使って、式に
> 表すことができます。

持っていた金額		使った金額		おつり
500	−	x	=	y

文字と式 (3) 名前

1 $500 - x = y$ の式を、$y = 500 - x$ と表すことができます。

$$y = 500 - x$$
（おつり）　　　　　　　　（使った金額）

① 使った金額が 200 円のとき、上の式を使っておつりを求めましょう。

$$y =$$

$$=$$

答え _____

② 300 円使ったとき、上の式を使っておつりを求めましょう。
式

答え _____

2 1000 円持って行って、買い物をしました。

① x（代金）と y（おつり）を使って、2 つの数の関係を式に表しましょう。

(　　　　　　　　　　　　　　)

② x が 600 円のとき、y はいくらですか。
式

答え _____

✿　１年の入学式の日（４月１日）、たかしさんは６さいで、お父さんは 29 さいでした。

① 　たかしさんが次の学年の４月１日に、お父さんは何さいですか。

たかしさん	お父さん
１年生（６さい）	29 さい
２年生（７さい）（	）
３年生（８さい）（	）
４年生（９さい）（	）
５年生（10 さい）（	）

② 　たかしさんの年れいを x、お父さんの年れいを y として、２つの数の関係を式に表しましょう。

（$y =$ 　　　　　　　　　　　　　　　　）

③ 　たかしさんが６年生になった４月１日の、お父さんの年れいは何さいですか。②の式を使って計算しましょう。

式　　$y =$

　　　　$=$

答え＿＿＿＿＿＿＿＿＿＿＿＿

月　　日

1 1本 50 円のえんぴつを x 本買い、代金 y 円をはらいました。

① x と y の関係を式に表しましょう。

$y =$

② えんぴつを5本買ったときの代金はいくらですか。
①の式を使って計算しましょう。

$y =$

$=$

答え _____

2 中庭に面積が 32m² の花だんを作ります。

① 縦を ym、横を xm として、関係を式にしましょう。

$y \times x = 32$

$y = ($ 　　　　　　　 $)$

② 横が2mのときと、4mのときの縦の長さを求めましょう。

㋐ 横2mのとき

答え _____

㋑ 横4mのとき

答え _____

文字と式　まとめ　名前

1 次の①②は、□の⑦〜⑨のどの式にあてはまりますか。
（　）に記号をかきましょう。

| ⑦　$x+20$　② $x-20$　⑨ $x\times20$　② $x\div20$ |

① xm のテープに 20m のテープをつなげると全部で何 m になりますか。 (20点)

（　　　　　　　）

② x 個あるイチゴを 20 人に同じ数ずつ分けると、1 人分は何個になります。 (20点)

（　　　　　　　）

2 x を使った式をかき、x にあたる数を求めましょう。

① 1本 x 円のえんぴつを 6 本買った代金が 360 円。 (式10点、答え20点)

式

答え＿＿＿＿＿＿＿＿

② 1個 30 円のガム x 個と、1 個 150 円のチョコレートを 1 個買った代金が 210 円。 (式10点、答え20点)

式

答え＿＿＿＿＿＿＿＿

点

比　例 (1)

名前

❀　2つの量の変わり方について調べましょう。

一方が増えると、それにともなってもう一方はどうなりますか。増えるものには「増える」、減るものには「減る」を（　　　）にかきましょう。

① 水そうに入れた水の量が増えると、水の深さは？

水 の 量 (L)	2	4	6	8	10
水の深さ (cm)	1	2	3	4	5

（　　　　　　）

② 20個入りのキャラメルを食べるとき、残りの数は？

食べた数（個）	1	2	3	4	5
残りの数（個）	19	18	17	16	15

（　　　　　　）

③ 階段をのぼる段数が増えると下からの高さは？

段　数（段）	1	2	3	4	5
高　さ（cm）	20	40	60	80	100

（　　　　　　）

比 例 (2)

月　　日

✿　2つの量 x（エックス）と y（ワイ）の変わり方について調べます。下の表を仕上げましょう。

① 空（から）の水そうに水を入れます。

　　水を 1L 入れると、水の深さは 3cm でした。

　　水を 2L 入れると、水の深さは 6cm でした。

　　水を 3L 入れると、水の深さは 9cm でした。

　　水を 4L 入れると、水の深さは 12cm でした。

水 の 量 x（L）	1	2	3	4
水の深さ y（cm）	3			

② 時速60km で高速道路を走ります。この自動車で

　　1時間走ると、そのきょりは 60km でした。

　　2時間走ると、そのきょりは 120km でした。

　　3時間走ると、そのきょりは 180km でした。

走った時間 x（時間）	1	2	3
走ったきょり y（km）			

比 例 (3)　名前

1 次の表は、空の水そうに水を入れたときの水の量 x L と、水の深さ $y$cm の関係を表したものです。

4倍
3倍
2倍

水 の 量 x (L)	1	2	3	4	5	6	7	8
水の深さ y (cm)	3	6	9	12	15	18	21	24

□倍
□倍
□倍

次の □ にあてはまる数をかきましょう。

x の量が2倍、3倍、4倍になると、それに対応する水の深さ y も ① □ 倍、② □ 倍、③ □ 倍になります。

> このように、x の値が2倍、3倍、……になると、それに対応する y の値も2倍、3倍、……になるとき、y は x に 比例 するといいます。

2 次の表を仕上げましょう。

1冊120円のノートを買うときの冊数 x とその代金 y

冊 数 x (冊)	1	2	3	4	5
代 金 y (円)					

月　　日

1 下の表の x と y は比例しています。x が $\frac{1}{2}$、$\frac{1}{3}$ になると、それに対応する y は、どのように変わっていますか。□に数をかきましょう。

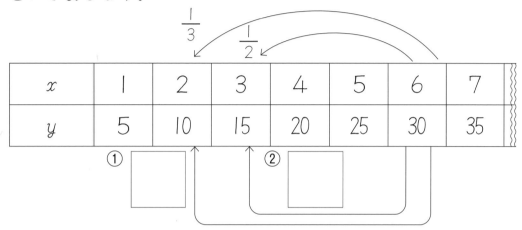

x	1	2	3	4	5	6	7
y	5	10	15	20	25	30	35

① □　　② □

比例する2つの値は、1つの値が $\frac{1}{2}$、$\frac{1}{3}$、……になると、それに対応するもう1つの値も $\frac{1}{2}$、$\frac{1}{3}$、……になります。

2 下の表の x と y は比例します。空いているらんの数をかきましょう。

①

x	1	2	3	4	5	6
y	3			12	15	18

②

x	2	4	6	8	10	12
y				16	20	24

名前

月　　日

✿　水そうに水を入れたときの水の量と水の深さの表です。xとyの関係について考えましょう。

① 水の量xを何倍すると、水の深さyになりますか。（　）に数をかきましょう。

水 の 量 x (L)	1	2	3	4	5	6	7	8	9
水の深さ y (cm)	3	6	9	12	15	18	21	24	27

$$1 \times (^{⑦}\quad) = 3$$
$$2 \times (^{⑦}\quad) = 6 \qquad x \times (^{⑦}\quad) = y$$

② 水の深さyを、そのときの水の量xでわると、どうなりますか。（　）に数をかきましょう。

水 の 量 x (L)	1	2	3	4	5	6	7	8	9
水の深さ y (cm)	3	6	9	12	15	18	21	24	27

$$3 \div 1 = (^{⑦}\quad) \qquad y \div x = (^{⑨}\quad)$$
$$6 \div 2 = (^{⑦}\quad)$$
$$9 \div 3 = (^{⑦}\quad)$$

> yがxに比例するとき、
> $y = $決まった数$\times x$

比　例 ⑹

名前

❀　次の表は、決まった量の水を x 分間入れたときの水の深さが $y$cm になることを表しています。この x と y の値の組をグラフに表しましょう。

時間 x（分）	0	1	2	3	4	5	6
深さ y（cm）	0	2	4	6	8	10	12

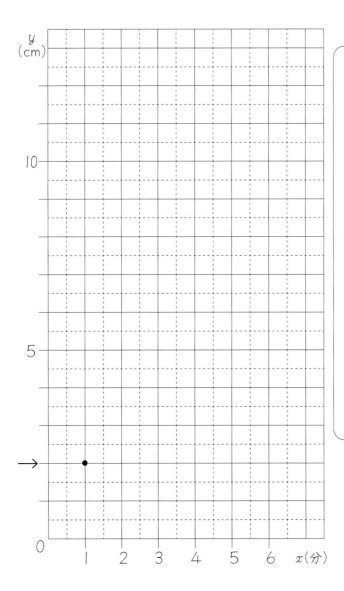

グラフのかき方

① 横軸に x、縦軸に y をとる。

② 横軸と縦軸の交わったところの点が 0。

③ 横軸、縦軸にそれぞれめもりをかく。

④ x が 1 のとき、y が 2 だからその点に ● をつける。

　同じようにして、x が 2、3…のときの点をとって、その点を結ぶ。

比　例 ⑺

✿　次の表は、金属棒の長さ x m と、その重さ y kg の関係を表しています。この x と y の値の組をグラフに表しましょう。

長さ x （m）	0	1	2	3	4	5
重さ y （kg）	0	3	6	9	12	15

金属棒の長さと重さ

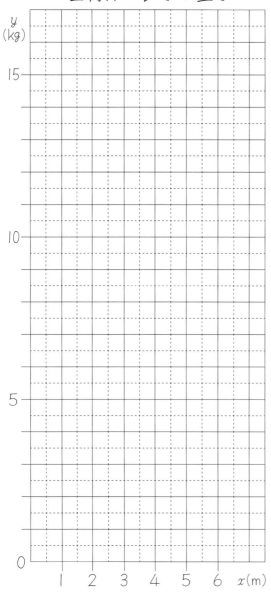

> 比例する２つの量の関係をグラフにすると、グラフは、０の点を通る直線になります。

比 例 ⑻

名前

❀ 下の表は、1mあたり0.8kgの金属棒(きんぞくぼう)の長さと重さの関係を表しています。この関係をグラフに表しましょう。

長さ x （m）	0	1	5	10	15
重さ y （kg）	0	0.8	4	8	12

金属棒の長さと重さ

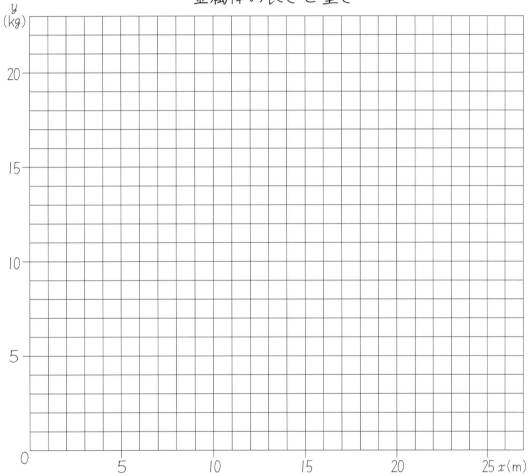

① でき上がったグラフから、20kgのときの金属棒の長さを求めましょう。　（　　　　　）

② グラフを見て、金属棒20mのときの重さを求めましょう。
（　　　　　）

比　例 (9)

名前

1 次の2つの量は比例しています。2つの量の関係を、x と y を使って式に表しましょう。

① 1mあたりの重さが60gの針金の長さ（x）と重さ（y）

    □ ＝ □ × □

② 1個150円のりんごを買ったときの個数（x）と代金（y）

    □ ＝ □ × □

③ 円周の長さ（y）と直径（x）の関係

    □ ＝ 3.14 × □

2 水そうに水を入れる時間と、水の深さの関係をグラフに表しましょう。

時　間 x（分）	0	1	2	3	4	5	6	
水の深さ y（cm）	0	0.5	1	1.5	2	2.5	3	

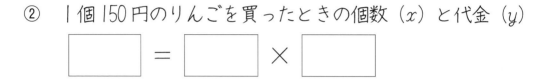

水を入れる時間と深さの関係

※　ともなって変わる2つの量が、比例しているものに○をつけましょう。

①　1Lあたり130円のガソリンを買ったときの
　　ガソリンの量と値段（ねだん）　　　　　　　　　　　　　　（　　）

②　180gのコップに1dLあたり103gの牛乳（ぎゅうにゅう）を
　　入れたときの牛乳の量と全体の重さ　　　　　　　　（　　）

③　自動車で時速50kmで走った時間と走った道のり
　　　　　　　　　　　　　　　　　　　　　　　　　　　　　（　　）

④　人間の年齢（ねんれい）と身長
　　　　　　　　　　　　　　　　　　　　　　　　　　　　　（　　）

⑤

1辺の長さx（cm）	1	2	3	4	5	6
周りの長さy（cm）	3	6	9	12	15	18

　　　　　　　　　　　　　　　　　　　　　　　　　　　　　（　　）

⑥

水　の　量x（dL）	0	1	2	3	4	5
全体の重さy（kg）	0.5	0.6	0.7	0.8	0.9	1

　　　　　　　　　　　　　　　　　　　　　　　　　　　　　（　　）

比例　まとめ

名前

✿　次のともなって変わる2つの量は比例しています。
表を完成させて、xとyを使った式で表しましょう。

（表各30点、答え各20点）

①　1包み50円のガムがあります。下の表はガムを買った個数とその代金の関係を表しています。

個 数 x（包み）	1	2	3	4	5	6	
代 金 y（円）	50						

答え _____

②　時速60kmの速さで進むトラックがあります。下の表はトラックの走った時間と道のりの関係を表しています。

時間 x（時間）	1		3	4	5	
道のり y（km）		120	180			

答え _____

点

1 てんびんの右のうでの6のめもりに、おもりを2個つるしました。

①　左のうでにおもりをつるして、つり合う場合のおもりの数を表にしましょう。

②　また、めもり×おもりの数のらんに、数をかきましょう。

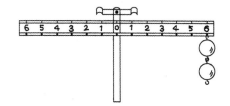

左側のめもり	1	2	3	4	5	6	
左側のおもりの数							
めもり×おもりの数							

③　めもり×おもりの数は、どうなりましたか。

いつも（　　　　　）になっている。

2 めもりの数が、2倍、3倍、……になると、おもりの数はどのようになっていますか。（　　）にかきましょう。

		2倍	3倍	4倍		6倍
め　も　り	1	2	3	4	5	6	
おもりの数	12	6	4	3		2	

（　）（　）（　）　　（　　）

> ともなって変わる２つの量があって、一方の値が２倍、３倍、……になると、他方が $\dfrac{1}{2}$、$\dfrac{1}{3}$、……になるとき、２つの量は **反比例** するといいます。
>
> 反比例する２つの数をかけると、積はいつも同じになります。
>
> $$\overset{\text{エックス}}{x} \times \overset{\text{ワイ}}{y} = （決まった数）$$
>
> または、$y =（決まった数）\div x$

❀　面積が 12cm² になる長方形をかきました。

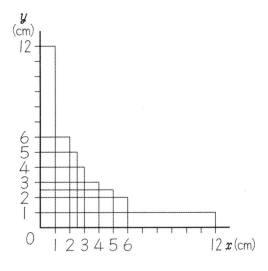

① 縦・横の長さがどのように変わっていくかを表にしましょう。

横 x（cm）								
縦 y（cm）	1	2	3	4	5	6		12

② $x \times y$ の値はいつもどうなっていますか。

$$x \times y = (\qquad\qquad)$$

反比例 (3)

名前

❀ 面積が 12cm² の長方形について調べましょう。

縦の長さ x （cm）	1	2	3	4	6	12
横の長さ y （cm）	12	6	4	3	2	1

① y は x に反比例していますか。　（　　　　　　　　　　）

② x と y の関係を式に表しましょう。

$y = ($　　　　　　　　　　$)$

③ 縦の長さ（x）が 5 cm のときの y の値を求めましょう。

式

答え _____

④ x と y の値の組をグラフに表しましょう。

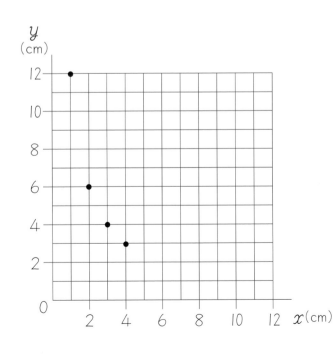

⑦　表の x と y の組を点で示します。

⑦　点と点をなめらかな線で結びましょう。

反比例 (4)

名前

❀ y は x に反比例します。

x	1	2	3	4	6	8	12	24
y	24	12	8	6	4	3	2	1

① x と y の関係を式に表しましょう。

$$y = (\qquad\qquad\qquad)$$

② $x \times y$ の値の組をグラフにしましょう。

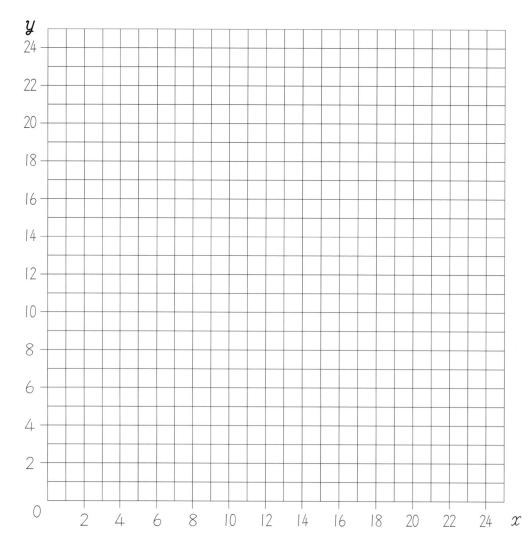

反比例 (5)

1 1分間に1Lの水を入れると、32分間でいっぱいになる水そうがあります。1分間に入れる水の量を増やすとどうなりますか。

1分間に入れる水の量 x（L）	1	2	4	8	16	32
かかる時間 y（分）	32					

① 表の空いているらんに数をかきましょう。

② y を、x を使った式で表しましょう。

$y =$

③ 5分で水そうをいっぱいにするには、1分間に何Lの水を入れたらよいですか。

式

答え _____

2 ともなって変わる x と y が、次の表のようになるときの関係を式で表しましょう。

①

x	1	2	3	4
y	36	18	12	9

$y =$

②

x	1	2	3	4
y	60	30	20	15

$y =$

反比例 (6)

名前

❀ x と y が比例関係の場合は「比」、反比例の場合は「反」、どちらでもない場合は「×」をかきましょう。

① (　)

x	5	10	15	20
y	12	6	4	3

② (　)

x	5	10	15	20
y	20	15	10	5

③ (　)

x	1	2	3	4
y	4	8	12	16

④ (　)　　$x \times y = 50$

⑤ (　)　　$x + y = 50$

⑥ (　)　　$x - y = 5$

⑦ (　)　　$y = 40 \div x$

⑧ (　)　　$y = 40 \times x$

名前

月　　日

✿　自転車で学校まで行きます。きょりは 3000m あります。
　分速200m で行くと、15分で着きました。

①　分速を xm、かかった時間を y 分として、式をたてましょう。

（式20点）

式

②　分速150m でゆっくり行くと、何分で着きますか。

（式20点、答え20点）

式

答え _____

③　10分で行こうとすると、分速何 m でいけますか。

（式20点、答え20点）

式

答え _____

点

記録の整理 (1)

名前

❀　下の表は、1組と2組の男子のソフトボール投げの記録です。

ソフトボール投げ　　(m)

番号	1組	2組
1	25	32
2	12	23
3	28	26
4	26	16
5	25	19
6	27	33
7	23	15
8	30	32
9	27	33
10	27	25
11	38	32
12	30	—
合計	318	286

① 記録の合計は、1組の方が大きくなっています。
　このことだけで、1組の方が成績がいいといえますか。
（　　　　　　　　）

② 各組の平均は何mですか。
　　1組（　　　　　　　）、2組（　　　　　　　）

③ 一番遠くまで投げた人は、何組で何mですか。
（　　　，　　　）

④ 一番きょりが短い記録の人は、何組で何mですか。
（　　　，　　　）

— 96 —

月　　日

✿　次の表はクラスのテストの点数です。

名前(さん)	Ⓐ	Ⓑ	Ⓒ	Ⓓ	Ⓔ	Ⓕ	Ⓖ	Ⓗ	Ⓘ	Ⓙ
点数(点)	90	90	75	65	90	85	80	100	95	90

①　このデータの平均値を求めましょう。
　式

　　　　　　　　　　　　　　答え ＿＿＿＿＿＿＿＿＿＿

②　このデータを数直線上に記録し、ドットプロットで表しましょう。

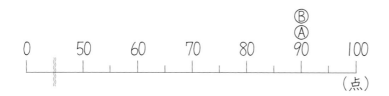

③　このデータの最ひん値と中央値を求めましょう。

　　　　　　　　最ひん値(　　　　　　　)中央値(　　　　　　　)

データの合計を、その個数でわった平均の値を平均値
データの中で最も多く出てくる値を最ひん値
データを大きさの順に並べたときの真ん中の値を中央値といいます。

月　　日

✿　次の表はクラスの50m走の記録です。

番号(人)	1	2	3	4	5	6	7	8	9	10	11	12	13
記録(秒)	7.8	9.1	8.7	9.4	8.8	7.9	9.9	7.6	8.5	9.1	8.2	9.1	11.1

① このデータを下の度数分布表に表しましょう。

階級 (秒)	度数 (人)
7秒以上8秒未満	
8秒以上9秒未満	
9秒以上10秒未満	
10秒以上11秒未満	
11秒以上12秒未満	
合　計	

② このデータの最ひん値を求めましょう。

（　　　　　　　　　　　）

　データを整理するときに、区間に区切って表した表を度数分布表
　このときの区間を階級、階級に入るデータの個数を度数といいます。

記録の整理 (4)

名前

下の表をもとにグラフを作りましょう。

ソフトボール投げ

きょり (m)	1組 (人)
10 以上～15 未満	1
15 ～20	0
20 ～25	1
25 ～30	7
30 ～35	2
35 ～40	1
合　計	12

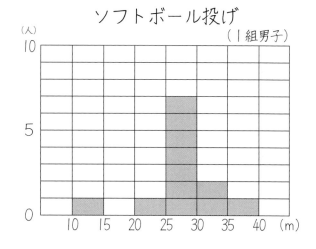

〈グラフのかき方〉

① 横軸に投げたきょり、縦軸に人数をかきます。

② きょりのはん囲を横、人数を縦に、柱のように長方形をかきます。

このようなグラフを 柱状グラフ といいます。

✿ 2組の記録をもとに、柱状グラフをかきましょう。

ソフトボール投げ

きょり (m)	2組 (人)
10 以上～15 未満	0
15 ～20	3
20 ～25	1
25 ～30	2
30 ～35	5
35 ～40	0
合　計	11

ソフトボール投げ
（2組男子）

名前

✿ 記録の整理(4) の表を見て調べましょう。

① 30m 以上投げた人が多い組はどちらですか。

( )

② 20m 未満の記録の人が多い組はどちらですか。

( )

③ かずおさんは、1組で3番目に遠くまで投げました。かずおさんの記録は、どのはん囲ですか。

(〜)

④ たかしさんは、2組で6番目に遠くまで投げました。たかしさんの記録は、どのはん囲ですか。

(〜)

⑤ とおるさんは、1組で3番目に悪い記録でした。とおるさんの記録は、どのはん囲ですか。

(〜)

⑥ まさおさんは、2組で5番目に悪い記録でした。まさおさんの記録は、どのはん囲ですか。

(〜)

記録の整理 (6)

名前

月　日

❀　下の柱状グラフを見て答えましょう。

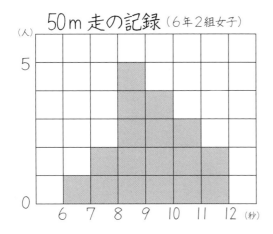

50m 走の記録（6年2組女子）

① 6年2組の女子は何人ですか。

（　　　　　　）

② 人数が一番多い区切りはどこですか。

（　　秒以上　　秒未満）

③ ②の区切りに、2組女子の50m 走の平均の値があると考えてもよいですか。

（　　　　　　）

④ 速い方から9番目の人は、おそい方からも9番目でした。この人の記録はどの区切りに入りますか。

（　　秒以上　　秒未満）

⑤ 8秒未満で走る人は何人いますか。

（　　　　　　）

⑥ 6年2組女子全員の50m 走の記録は、どのはん囲に入りますか。

（　　秒以上　　秒未満）

記録の整理 まとめ　名前

❀　１組と２組のソフトボール投げの記録を調べました。

（ソフトボール投げの記録）

きょり (m)	１組(人)	２組(人)
5以上～10未満	1	1
10以上～15未満	1	2
15以上～20未満	6	3
20以上～25未満	3	4
25以上～30未満	3	3
30以上～35未満	1	2
合計	15	15

① 人数がいちばん多い階級はどこですか。（各10点）

１組（　　　　　　　　）

２組（　　　　　　　　）

② それぞれの組の中央値（ちゅうおうち）は、どの階級ですか。

（各10点）

１組（　　　　　　　　）

２組（　　　　　　　　）

③ それぞれの組の記録を柱状グラフで表しましょう。（各30点）

１組の記録

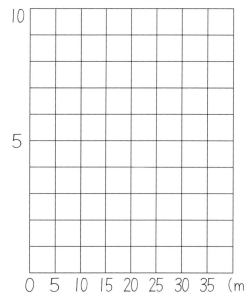

２組の記録

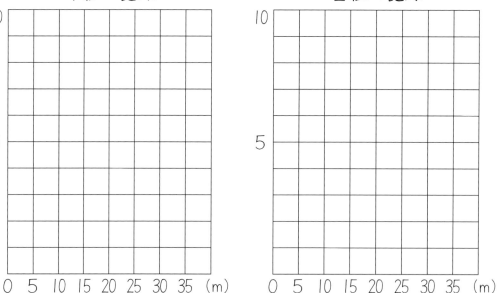

点

月　　　日

1　3人1チームでリレーをします。Aさん、Bさん、Cさんの、チームは走る順番を、ぬけ落ちや重なりがないよう、全部かき出しました。

第1走者	第2走者	第3走者
A	B	C
A	C	B
B	C	A
B	A	
C		
C		

① 空らんをうめましょう。

② Aさんが第一走者になる順番は何通りありますか。

（　　　　　　）

③ Bさんが第一走者になる順番は何通りありますか。

（　　　　　　）

④ Cさんが第一走者になる順番は何通りありますか。

（　　　　　　）

⑤ 全部で何通りありますか。　（　　　　　　）

2　1、2、3の3つの数字を1つずつ使って、3けたの数を作ります。全部かき出しましょう。

（　　　　　）（　　　　　）（　　　　　）

（　　　　　）（　　　　　）（　　　　　）

場合の数 (2)

名前

❀ 学級別リレー競争に出る4人のリレー選手を決めました。走る順番をすべて表にかき出してみましょう。

第1走者	第2走者	第3走者	第4走者
A	B	C	
A	B		
A	C	D	
A	C		
A	D	B	
A	D		
B	C	D	
B	C	A	
B	D		
B	D		
B	A		
C	D	A	
C	D		
C	A		
C			
D	A	B	
D			
D			
D			

① 空らんをうめましょう。

② Aさんが第一走者になる順番は何通りありますか。

（　　　　　）

③ Bさんが第一走者になる順番は何通りありますか。

（　　　　　）

④ Cさんが第一走者になる順番は何通りありますか。

（　　　　　）

⑤ Dさんが第一走者になる順番は何通りありますか。

（　　　　　）

⑥ 全部で何通りありますか。

（　　　　　）

場合の数 (3)

❁　バスケットボールのシュートを３回して、その入り方を調べます。ぬけ落ちや重なりがないようにかき出しましょう。

①　入った場合を○、入らなかった場合を×で表します。
　　１回目が入った場合は下の図のようになります。（　　）に○か×をかきましょう。

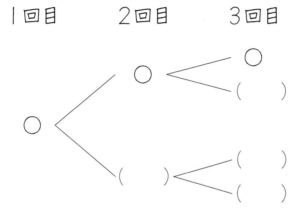

②　１回目が入らなかった場合を、①のように図に表しましょう。

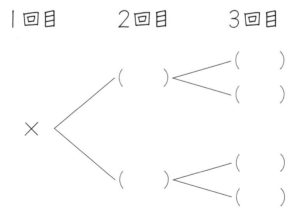

③　全部で何通りの入り方がありますか。　（　　　　　　　）

場合の数 (4)

① 家から海田駅、山川駅を通って、山川駅の近くにあるおばさんの家へ行く方法は何通りありますか。

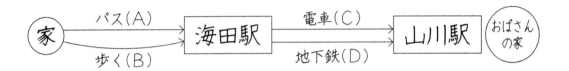

① A、B、C、Dを図にしましょう。

② 全部で何通りありますか。　　　　　（　　　　　　　）

② AさんとBさんが数字カードを使って、2けたの数字を作ります。Aさんのカードは1、3、5で、十の位に置きます。Bさんのカードは2、4、6で、一の位に置きます。できる数を全部かきましょう。また、数は全部で何通りできますか。

できる数

1 2	1 4	1 6

Aさん　[1] [3] [5]

Bさん　[2] [4] [6]

（　　　　　　　）

場合の数 (5)　名前

1 　4チームでサッカーの試合をすることにしました。どのチームとも1回試合をします。勝敗を表にしましょう。

	対戦チーム				成　績
	A	B	C	D	
Aチーム		○	○	×	2 勝 1 敗
Bチーム	×		○		勝　　敗
Cチーム	×	×			勝　　敗
Dチーム	○				勝　　敗

・Aチームは、Aチームと試合をしないので ＼ をしています。
（B〜Dチームも同じ。）

・各チームの成績は、横に見ます。

① 　Bチーム対Dチームの試合は、Bチームが勝ちました。表に○、×をかきましょう。

② 　Cチーム対Dチームの試合は、Cチームが勝ちました。表に○、×をかきましょう。

③ 　各チームの成績をかきましょう。

④ 　全部で何試合しましたか。　　　　　（　　　　　　　）

2 　5チームを作って、どのチームとも1回試合することにすると、全部で何試合することになりますか。右のような図をかいて線を数えるとわかります。

（　　　　　　　）

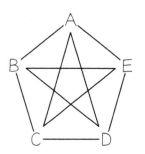

場合の数 (6)

名前

1 みつおとたろうがじゃんけんをしました。どんな組み合わせがあるか調べます。

	たろう		
	グー	チョキ	パー
みつお グー			
みつお チョキ			
みつお パー			

① 表に、みつおが勝つときは○、負けるときは×、あいこになるときは△を表にかきましょう。

② 何通りの組み合わせがありますか。

（　　　　　）

2 次のカードの中から2枚を取り出してならべて、2けたの数を作ります。数を全部かき出し、全部で何通りの整数ができるか数えましょう。

① $\boxed{2}$ $\boxed{4}$ $\boxed{6}$ の3枚

（　　　　　）

② $\boxed{1}$ $\boxed{3}$ $\boxed{5}$ $\boxed{7}$ の4枚

（　　　　　）

場合の数　まとめ　名前

1 A 地点から B 地点への行き方は、何通りありますか。 （20点）
（もとの地点にもどることはできません）

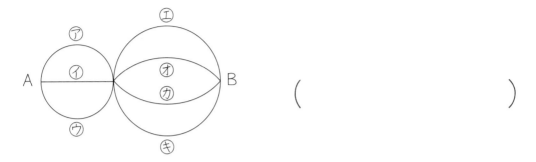

（　　　　　　　　）

2 百円玉を続けて 3 回投げます。このとき、表と裏の出方は、全部で何通りありますか。 （40点）

（　　　　　　　　）

3 さらさん、なおさん、やまとさんの 3 人でリレーのチームを組みます。3 人の走る順番をすべてかき、何通りあるか答えましょう。 （40点）

（　　　　　　　　）

点

分数と小数の四則 (1)

名前

✿　次の計算をしましょう。

① $\dfrac{2}{3} \times 2\dfrac{1}{4} \times 0.6 =$

② $0.8 \times 1\dfrac{1}{8} \div 1\dfrac{2}{7} =$

③ $2\dfrac{3}{4} \div 1.2 \times 1\dfrac{1}{5} =$

④ $0.9 \div 1.8 \div 1\dfrac{1}{2} =$

分数と小数の四則 (2)　名前

✿　次の計算をしましょう。

① $\dfrac{2}{3} \times 2\dfrac{3}{5} + \dfrac{1}{2} \div 2\dfrac{1}{7} =$

② $1\dfrac{2}{7} \div \dfrac{6}{14} - 2\dfrac{2}{3} \times \dfrac{1}{4} =$

③ $1\dfrac{7}{8} \div 0.5 + 2\dfrac{1}{6} \times 0.6 =$

④ $2.4 \times 1\dfrac{1}{6} - 1\dfrac{4}{5} \div 0.9 =$

分数と小数の四則 (3)　名前

✿　次の計算をしましょう。

① $\dfrac{5}{6} + 1\dfrac{1}{3} \times \dfrac{3}{4} \div 0.3 =$

② $\dfrac{7}{10} - 0.2 \times 3\dfrac{2}{5} =$

③ $\dfrac{2}{3} \times 1\dfrac{1}{6} - \dfrac{4}{9} =$

④ $1.5 \div 1\dfrac{3}{7} - \dfrac{4}{5} \times \dfrac{5}{8} =$

✿　次の計算をしましょう。

① $\dfrac{7}{9} \times \left(\dfrac{5}{6} + \dfrac{5}{12} \right) =$

② $\left(1\dfrac{1}{4} - \dfrac{3}{5} \right) \div 1.3 =$

③ $1\dfrac{3}{8} \times 0.8 + 0.5 \div 1\dfrac{1}{4} =$

④ $2\dfrac{1}{3} - 1.2 \times \dfrac{5}{7} \div 0.5 =$

分数と小数の四則　まとめ

✿　次の計算をしましょう。　　　　　　　　　　（各25点）

① $0.9 \times \dfrac{2}{3} + 0.7 \div \dfrac{7}{12} =$

② $2.5 \div 3\dfrac{5}{20} - \dfrac{4}{5} \div 1.3 =$

③ $3.6 \times \dfrac{1}{6} + 3.6 \div \dfrac{1}{6} =$

④ $0.6 \times 2\dfrac{1}{12} - 1\dfrac{7}{8} \div 7.5 =$

点

答　え

[P. 3]

1 ① 10個　② 20個
③ $1 \times 10 + 0.5 \times 20 = 20$

およそ20cm²

2 $1 \times 18 + 0.5 \times 26 = 31$　およそ31cm²

[P. 4]

① $1 \times 6 + 0.5 \times 14 = 13$　およそ13km²
② $10 \times 10 = 100, \ 100 \div 2 = 50$
$50 \times 17 = 850$　およそ850km²

[P. 5]

① A　$50 \times 20 \div 2 = 500$　およそ500m²
B　$50 \times 30 = 1500$　およそ1500m²
② $(80 + 130) \times 130 \div 2 = 13650$

およそ13600m²

[P. 6]

① 69cm²
② 約8.5cm²
③ 約310cm²

[P. 8]

① $10 \times 10 \times 3.14 = 314$　314cm²
② $8 \times 8 \times 3.14 = 200.96$　200.96cm²
③ $6 \times 6 \times 3.14 = 113.04$　113.04cm²

[P. 9]

① $2 \times 2 \times 3.14 = 12.56$　12.56cm²
② $3 \times 3 \times 3.14 = 28.26$　28.26cm²
③ $5 \times 5 \times 3.14 = 78.5$　78.5cm²
④ $20 \times 20 \times 3.14 = 1256$　1256cm²

[P. 10]

① $4 \div 2 = 2$
$2 \times 2 \times 3.14 = 12.56$　12.56cm²
② $6 \div 2 = 3$
$3 \times 3 \times 3.14 = 28.26$　28.26cm²
③ $10 \div 2 = 5$
$5 \times 5 \times 3.14 = 78.5$　78.5cm²

④ $20 \div 2 = 10$
$10 \times 10 \times 3.14 = 314$　314cm²

[P. 11]

① $10 \times 10 = 100$
$(10 \div 2) \times (10 \div 2) \times 3 = 75$
$100 - 75 = 25$　25cm²
② $8 \times 8 = 64$
$(8 \div 2) \times (8 \div 2) \times 3 = 48$
$64 - 48 = 16$　16cm²

[P. 12]

① $6 \times 6 \times 3 = 108$
$(8 \div 2) \times (8 \div 2) \times 3 = 48$
$108 - 48 = 60$　60cm²
② (解答例)
$6 \times 6 \times 3 \div 2 = 54$　54cm²

[P. 13]

① $2 \times 2 \times 3.14 \div 2 = 6.28$　6.28cm²
② $3 \times 3 \times 3.14 \div 4 = 7.065$　7.065cm²
③ $4 \times 4 \times 3.14 = 50.24$
$2 \times 2 \times 3.14 = 12.56$
$50.24 - 12.56 = 37.68$　37.68cm²

[P. 14]

① (解答例)
$8 \times 8 = 64$　64cm²
② (解答例)
$4 \times 4 \times 3.14 = 50.24$　50.24cm²

[P. 15]

1 $4 \times 4 \times 3.14 = 50.24$　50.24cm²
2 ① $8 \times 8 = 64$
$8 \div 2 = 4$
$4 \times 4 \times 3.14 = 50.24$
$64 - 50.24 = 13.76$　13.76cm²
② $8 \times 8 \times 3.14 \div 2 = 100.48$
$8 \div 2 = 4$
$4 \times 4 \times 3.14 = 50.24$
$100.48 + 50.24 = 150.72$

150.72cm²

③ $20 \times 20 = 400$
$20 \times 20 \times 3.14 \div 4 = 314$
$400 - 314 = 86$

[P. 16]

$\frac{3}{10}$ m²

[P. 17]

① $\frac{1}{6}$ ② $\frac{9}{20}$

③ $\frac{9}{40}$ ④ $\frac{28}{45}$

⑤ $\frac{5}{24}$ ⑥ $\frac{8}{15}$

⑦ $\frac{15}{28}$ ⑧ $\frac{8}{35}$

[P. 18]

① $\frac{1}{9}$ ② $\frac{1}{10}$

③ $\frac{5}{14}$ ④ $\frac{2}{5}$

⑤ $\frac{7}{12}$ ⑥ $\frac{1}{12}$

⑦ $\frac{3}{8}$ ⑧ $\frac{2}{27}$

[P. 19]

① $\frac{2}{5}$ ② $\frac{9}{14}$

③ $\frac{1}{9}$ ④ $\frac{1}{8}$

⑤ $\frac{5}{14}$ ⑥ $\frac{1}{6}$

⑦ $\frac{3}{14}$ ⑧ $\frac{9}{22}$

[P. 20]

① $\frac{1}{2}$ ② $\frac{1}{2}$

③ $\frac{1}{2}$ ④ $\frac{1}{4}$

⑤ $\frac{1}{6}$ ⑥ $\frac{1}{5}$

⑦ $\frac{3}{4}$ ⑧ $\frac{2}{3}$

[P. 21]

① $\frac{1}{9}$ ② $\frac{3}{7}$

③ $\frac{3}{5}$ ④ $\frac{5}{9}$

⑤ $\frac{1}{8}$ ⑥ $\frac{5}{16}$

⑦ $\frac{2}{15}$ ⑧ $\frac{1}{10}$

[P. 22]

① $\frac{4}{5}$ ② $\frac{6}{7}$

③ $\frac{9}{2}$ ④ $\frac{7}{3}$

⑤ $\frac{3}{4}$ ⑥ $\frac{5}{3}$

⑦ $\frac{1}{2}$ ⑧ $\frac{10}{3}$

[P. 23]

① $\frac{1}{6}$ ② $\frac{5}{18}$

③ $\frac{5}{14}$ ④ $\frac{5}{36}$

⑤ $\frac{5}{33}$ ⑥ $\frac{8}{33}$

⑦ $\frac{1}{3}$ ⑧ $\frac{1}{2}$

⑨ $\frac{5}{6}$ ⑩ $\frac{3}{5}$

[P. 24]

$\dfrac{4}{5}$ m²

[P. 25]

① $\dfrac{8}{9}$　② $\dfrac{8}{25}$

③ $\dfrac{7}{12}$　④ $\dfrac{15}{16}$

⑤ $\dfrac{7}{16}$　⑥ $\dfrac{40}{21}$

⑦ $\dfrac{32}{25}$　⑧ $\dfrac{27}{40}$

[P. 26]

① $\dfrac{7}{12}$　② $\dfrac{7}{10}$

③ $\dfrac{5}{7}$　④ $\dfrac{11}{15}$

⑤ $\dfrac{11}{14}$　⑥ $\dfrac{14}{27}$

[P. 27]

① $\dfrac{9}{10}$　② $\dfrac{6}{7}$

③ $\dfrac{15}{16}$　④ $\dfrac{2}{5}$

⑤ $\dfrac{2}{3}$　⑥ $\dfrac{6}{7}$

[P. 28]

① $\dfrac{1}{2}$　② $\dfrac{1}{3}$

③ $\dfrac{5}{12}$　④ $\dfrac{1}{2}$

⑤ $\dfrac{4}{5}$　⑥ $\dfrac{1}{2}$

[P. 29]

① $\dfrac{3}{4}$　② $\dfrac{2}{5}$

③ $\dfrac{6}{7}$　④ $\dfrac{9}{14}$

⑤ $\dfrac{5}{7}$　⑥ $\dfrac{3}{4}$

[P. 30]

① $\dfrac{15}{4}$　② $\dfrac{21}{2}$

③ $\dfrac{10}{3}$　④ $\dfrac{11}{2}$

⑤ $\dfrac{14}{3}$　⑥ $\dfrac{21}{2}$

[P. 31]

① $\dfrac{5}{12}$　② $\dfrac{15}{28}$

③ $\dfrac{14}{15}$　④ $\dfrac{6}{7}$

⑤ $\dfrac{13}{27}$　⑥ $\dfrac{15}{16}$

⑦ $\dfrac{5}{6}$　⑧ $\dfrac{12}{7}$

⑨ $\dfrac{5}{12}$　⑩ $\dfrac{2}{3}$

[P. 32]

① $\dfrac{1}{5}$　② $\dfrac{3}{2}$　③ $\dfrac{3}{10}$

[P. 33]

1 1

2 ① $\dfrac{3}{2}$　② $\dfrac{5}{4}$

③ $\dfrac{7}{8}$　④ $\dfrac{9}{10}$

3 ① $\dfrac{1}{4}$ ② $\dfrac{1}{6}$

③ $\dfrac{10}{3}$ ④ $\dfrac{10}{9}$

〔P. 34〕

① $\dfrac{16}{21}$ ② $\dfrac{18}{35}$ ③ $\dfrac{1}{5}$

〔P. 35〕

① $\dfrac{4}{7}$ ② $\dfrac{1}{6}$ ③ $\dfrac{3}{8}$

〔P. 36〕

1 ① $\dfrac{1}{3}$ ② $\dfrac{25}{16}$

③ $\dfrac{1}{2}$ ④ $\dfrac{5}{7}$

2 ① 1000

② 10

〔P. 37〕
① ぴったり重なる
② ⑦ 点E
⑦ 点D

〔P. 38〕
① F, E
② F, E
③ ⑦ AF
⑦ FE
⑦ ED

〔P. 39〕
①

②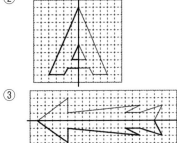

③

〔P. 40〕
① ② ③ ④ ⑤ ⑥

〔P. 41〕
1 ① 180°
② きちんと重なります
2 ① 点E, 点F
② 直線EF, 直線GH
③ 角EFG

〔P. 42〕
1 ① 点E
② 直線FG
③ 角F
2 ① 点D
② 直線DE
③ 角F

〔P. 43〕
① ②

③ 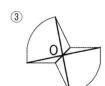 ④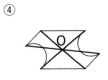

[P. 44]
① ②

③  ④

⑤ ⑥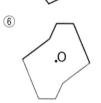

[P. 45]
①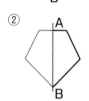

②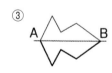

③

[P. 46]
① 線　② 線, 点
③ 線　④ 線
⑤ 点

[P. 47]
① $\dfrac{3}{4}$　② $\dfrac{5}{7}$

③ 2　④ 5
⑤ $\dfrac{3}{2}$　⑥ $\dfrac{9}{10}$

[P. 48]
① 8　② 9

[P. 49]
① 10　② 14
③ 15　④ 28
⑤ 21　⑥ 72
⑦ 20　⑧ 49
⑨ 49　⑩ 27

[P. 50]
① 4 : 3　② 5 : 4
③ 4 : 7　④ 5 : 7
⑤ 6 : 5　⑥ 3 : 4

[P. 51]
① 5　② 3
③ 2　④ 4
⑤ 6　⑥ 4
⑦ 7　⑧ 5
⑨ 4　⑩ 7

[P. 52]
1　① 3 : 2　② 8 : 9
③ 8 : 5　④ 9 : 20
⑤ 3 : 4　⑥ 2 : 7
⑦ 15 : 7　⑧ 23 : 35

2　① $\dfrac{4}{5}$　② $\dfrac{3}{4}$

③ $\dfrac{4}{5}$　④ $\dfrac{3}{4}$

（①と③）（②と④）

[P. 53]
1 3 : 5 = 6 : 10　　6 m²
2 4 : 5 = 20 : 25　　25枚
3 4 : 5 = 100 : 125　125円
4 9 : 8 = 450 : 400　400冊

〔P. 54〕

1 $20 \div \dfrac{4}{5} = \overset{5}{20} \times \dfrac{5}{\underset{1}{4}} = 25$　　　25人

2 $80 \times 0.7 = 56$　　　56cm

3 $75 \div 0.75 = 100$　　　100mL

4 $42 \times \dfrac{4}{7} = 24$　　　24cm

〔P. 55〕

1 ① $\dfrac{5}{8}$　　② $\dfrac{3}{2}$

③ $\dfrac{1}{20}$　　④ $3 : 1$

⑤ $\dfrac{12}{5}$　　⑥ $9 : 7$

2 ① $3 : 4$　② $3 : 2$

3 ㋐ $2 : 5$　㋑ $2 : 1$

㋒ $3 : 5$

（㋐）

〔P. 56〕

1 $3 : 5 = x : 150$
$150 \div 5 \times 3 = 90$　　　90円

2 $4 : 3 = 440 : x$
$440 \div 4 \times 3 = 330$　　　330冊

3 ① $2 : 5 = x : 150$
$150 \div 5 \times 2 = 60$　　　60g

② $2 : 5 = 80 : x$
$80 \div 2 \times 5 = 200$　　　200g

〔P. 57〕
省略

〔P. 58〕
① ㋐ $1 : 2$　　㋑ $1 : 2$
② ㋐ $90°, 90°$　㋑ $45°, 45°$
③ （答えは略）

〔P. 59〕

1
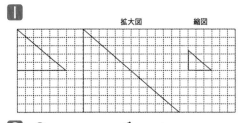

2 ①
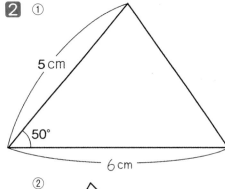

②
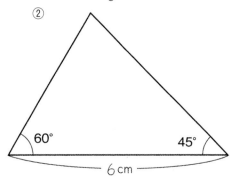

〔P. 60〕

1 ①
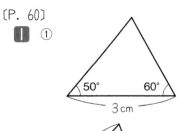

②

2
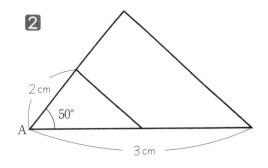

― 120 ―

[P. 61]

 $\dfrac{1}{100000}$

② $\dfrac{1}{1000}$

[P. 62]

① $2.5 \times 1000 = 2500$
$2500 \,\text{cm} = 25 \,\text{m}$ 25m

②   4cm

③ $10 \,\text{km} = 1000000 \,\text{cm}$

$1000000 \times \dfrac{1}{200000} = \dfrac{\cancel{1000000}^{\,5} \times 1}{\cancel{200000}} = 5$

     5cm

[P. 63]

① $\dfrac{1}{400000}$

② $6 \,\text{km} = 600000 \,\text{cm}$

$\dfrac{\cancel{2}}{\cancel{600000}} = \dfrac{1}{300000}$ $\dfrac{1}{300000}$

③ $4000 \,\text{cm} = 40 \,\text{m}$ 40m

④ $5 \div \dfrac{1}{20000} = \dfrac{5 \times 20000}{1} = 100000$

$100000 \,\text{cm} = 1000 \,\text{m}$ 1000m

[P. 64]
① $3 \times 4 \times 5 = 60$ 60cm³
② $3 \times 4 \times 5 = 60$ 60cm³

[P. 65]
① $3 \times 4 \times 5 \div 2 = 30$ 30cm³
② 30   30cm³

[P. 66]
① $2 \times 4 \times 3 = 24$ 24cm³
② $2 \times 4 \times 3 \div 2 = 12$ 12cm³
③ $2 \times 4 \div 2 \times 3 = 12$ 12cm³

[P. 67]
① $6 \times 2 \div 2 \times 6 = 36$ 36cm³
② $6 \times 5 = 30$ 30cm³
③ $12 \times 6 = 72$ 72cm³

[P. 68]
① 底面積
③ $50 \times 4 = 200$ 200cm³

[P. 69]
① $10 \times 5 = 50$ 50cm³
② $20 \times 4 = 80$ 80cm³
③ $8 \times 6 = 48$ 48cm³

[P. 70]
① $20 \times 5 = 100$ 100cm³
② $25 \times 4 = 100$ 100cm³
③ $10 \times 10 \times 3.14 \times 10 = 3140$ 3140cm³
④ $5 \times 5 \times 8 = 200$ 200cm³

[P. 71]
① ① $4 \times 3 \div 2 \times 5 = 30$
     30cm³
② $5 \times 5 \times 3.14 \times 30 = 2355$
     2355cm³
③ $(8+6) \times 5 \div 2 \times 10 = 350$
     350cm³

② $5 \times 4 \div 2 = 10$
$50 \div 10 = 5$ 5cm

[P. 72]
① ① $200 \times x$
② $500 - x$
③ $24 \div x$
② ① 9   ② 7
③ 6   ④ 8
⑤ 20   ⑥ 20

[P. 73]
① 持っていた金額，500円
② 使った金額，おつり

[P. 74]
① ① $y = 500 - 200 = 300$ 300円
② $y = 500 - 300 = 200$ 200円

2 ① $y = 1000 - x$

② $y = 1000 - 600 = 400$ 400円

〔P. 75〕

① 2年生 30さい

3年生 31さい

4年生 32さい

5年生 33さい

② $y = x + 23$

③ $y = 11 + 23 = 34$ 34さい

〔P. 76〕

1 ① $y = 50 \times x$

② $y = 50 \times 5 = 250$ 250円

2 ① $y = 32 \div x$

② ⑦ $y = 32 \div 2 = 16$ 16m

④ $y = 32 \div 4 = 8$ 8 m

〔P. 77〕

1 ① ⑦ ② ⊥

2 ① $x \times 6 = 360$

$360 \div 6 = 60$ 60円

② $30 \times x + 150 = 210$

$x = 2$ 2個

〔P. 78〕

① 増える ② 減る

③ 増える

〔P. 79〕

①
水の量 x (L)	1	2	3	4
水の深さ y (cm)	3	6	9	12

②
走った時間 x (時間)	1	2	3
走ったきょり y (km)	60	120	180

〔P. 80〕

1 ① 2 ② 3 ③ 4

2
冊　数 x (冊)	1	2	3	4	5
代　金 y (円)	120	240	360	480	600

〔P. 81〕

1 ① $\dfrac{1}{3}$ ② $\dfrac{1}{2}$

2 ①
x	1	2	3	4	5	6
y	3	6	9	12	15	18

②
x	2	4	6	8	10	12
y	4	8	12	16	20	24

〔P. 82〕

① ⑦ 3

④ 3

⑦ 3

② ⑦ 3

④ 3

⑦ 3

⊥ 3

〔P. 83〕

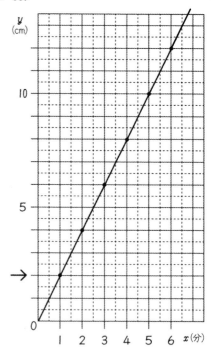

〔P. 84〕

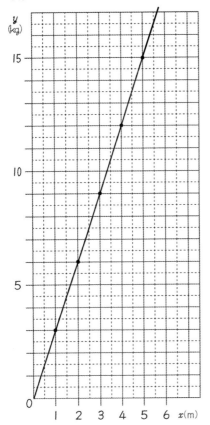

〔P. 85〕

金属棒の長さと重さ

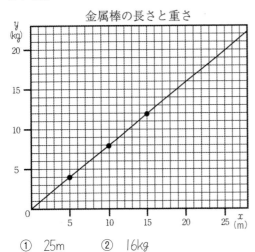

① 25m   ② 16kg

〔P. 86〕

■ ① $y=60\times x$
② $y=150\times x$
③ $y=3.14\times x$

❷ 水を入れる時間と深さの関係

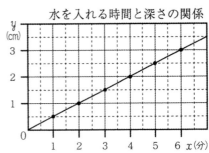

〔P. 87〕
○をするもの①, ③, ⑤

〔P. 88〕

①

個 数	1	2	3	4	5	6	
代 金	50	100	150	200	250	300	

$y=50\times x$

②

時 間	1	2	3	4	5	
道のり	60	120	180	240	300	

$y=60\times x$

〔P. 89〕

■

左側のめもり	1	2	3	4	5	6	
① 左側のおもりの数	12	6	4	3	/	2	
めもり×おもりの数	12	12	12	12	/	12	

左側のめもり	1	2	3	4	5	6	
② 左側のおもりの数	12	6	4	3	/	2	
めもり×おもりの数	12	12	12	12	/	12	

③ 12

❷ $\frac{1}{2}$, $\frac{1}{3}$, $\frac{1}{4}$, $\frac{1}{6}$

〔P. 90〕

①

横 x (cm)	12	6	4	3	2.4	2		1
縦 y (cm)	1	2	3	4	5	6		12

② $x\times y=12$

〔P. 91〕
① 反比例します
② $y=12\div x$
③ $y=12\div 5=2.4$　　　　　　　2.4cm
④
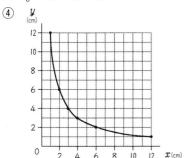

〔P. 92〕
① $y=24\div x$
②

〔P. 93〕
1 ①

1分間に入れる水の量x(L)	1	2	4	8	16	32
か か る 時 間y(分)	32	16	8	4	2	1

　② $y=32\div x$
　③ $y=32\div 5=6.4$　　　　　　6.4L
2 ① $y=36\div x$
　② $y=60\div x$

〔P. 94〕
① 反　　② ×　　③ 比　　④ 反
⑤ ×　　⑥ ×　　⑦ 反　　⑧ 比

〔P. 95〕
① $y=3000\div x$
② $y=3000\div 150$
　　$=20$　　　　　　　　　　20分
③ $x=3000\div 10$

$=300$　　　　　　　　分速300m

〔P. 96〕
① いえない
② 1組　26.5m
　2組　26m
③ 1組　38m
④ 1組　12m

〔P. 97〕
① $860\div 10=86$　　　　　　　86点
②
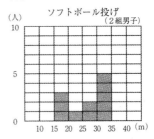
③ 90，90

〔P. 98〕
①

階級 (秒)	度数 (人)
7秒以上　8秒未満	3
8秒以上　9秒未満	4
9秒以上　10秒未満	5
10秒以上　11秒未満	0
11秒以上　12秒未満	1
合　計	13

② 9秒以上～10秒未満

〔P. 99〕

ソフトボール投げ（2組男子）

〔P. 100〕
① 2組
② 2組
③ 30m以上～35m未満
④ 25m以上～30m未満
⑤ 25m以上～30m未満
⑥ 25m以上～30m未満

〔P. 101〕
① 17人

② 8秒以上9秒未満
③ よくない
④ 9秒以上10秒未満
⑤ 3人
⑥ 6秒以上12秒未満

〔P. 102〕
① 1組　15以上～20未満
　　2組　20以上～20未満
② 1組　15以上～20未満
　　2組　20以上～20未満
③

1組の記録

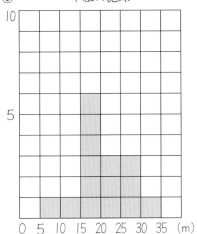

2組の記録

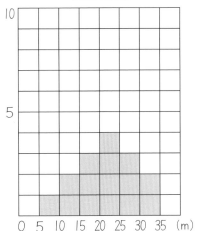

〔P. 103〕
■ ①

第1走者	第2走者	第3走者
A	B	C
A	C	B
B	C	A
B	A	C
C	A	B
C	B	A

② 2通り　③ 2通り
④ 2通り　⑤ 6通り

2 123, 132, 213
231, 312, 321

〔P. 104〕
①

第1走者	第2走者	第3走者	第4走者
A	B	C	D
A	B	D	C
A	C	D	B
A	C	B	D
A	D	B	C
A	D	C	B
B	C	D	A
B	C	A	D
B	D	A	C
B	D	C	A
B	A	C	D
B	A	D	C
C	D	A	B
C	D	B	A
C	A	B	D
C	A	D	B
C	B	A	D
C	B	D	A
D	A	B	C
D	A	C	B
D	B	A	C
D	B	C	A
D	C	A	B
D	C	B	A

② 6通り　③ 6通り
④ 6通り　⑤ 6通り
⑥ 24通り

〔P. 105〕
①　1回目　　2回目　　3回目

②　1回目　　2回目　　3回目

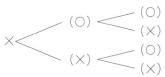

③ 8通り

― 125 ―

[P. 106]
①

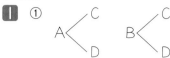

② 4通り

2 できる数　12, 14, 16
　　　　　　32, 34, 36
　　　　　　52, 54, 56　　　　9通り

[P. 107]
1 ①②③

	対戦チーム				成　績
	A	B	C	D	
Aチーム		○	○	×	2勝1敗
Bチーム	×		○	○	2勝1敗
Cチーム	×	×		○	1勝2敗
Dチーム	○	×	×		1勝2敗

④ 6試合

2 10試合

[P. 108]
1 ①

		たろう		
		グー	チョキ	パー
み	グー	△	○	×
つ	チョキ	×	△	○
お	パー	○	×	△

② 9通り

2 ① 24, 26, 42
　　46, 62, 64　　　　6通り
② 13, 15, 17
　　31, 35, 37
　　51, 53, 57
　　71, 73, 75　　　　12通り

[P. 109]
1 ㋐－㋓、㋐－㋔、㋐－㋕、㋐－㋖
　㋑－㋓、㋑－㋔、㋑－㋕、㋑－㋖
　㋒－㋓、㋒－㋔、㋒－㋕、㋒－㋖
　　　　　　　　　　　　　　12通り

2
表┬表－表　　　裏┬表－表
　├表－裏　　　　├表－裏
　├裏－表　　　　├裏－表
　└裏－裏　　　　└裏－裏

　　　　　　　　　　8通り

3
さ┬な－や
　└や－な
な┬さ－や
　└や－さ
や┬さ－な
　└な－さ　　　　　　　6通り

[P. 110]
① $\dfrac{9}{10}$　　　　② $\dfrac{7}{10}$

③ $2\dfrac{3}{4}\left(\dfrac{11}{4}\right)$　　④ $\dfrac{1}{3}$

[P. 111]
① $1\dfrac{29}{30}\left(\dfrac{59}{30}\right)$　　② $2\dfrac{1}{3}\left(\dfrac{7}{3}\right)$

③ $5\dfrac{1}{20}\left(\dfrac{101}{20}\right)$　　④ $\dfrac{4}{5}$

[P. 112]
① $\dfrac{25}{6}\left(4\dfrac{1}{6}\right)$　　② $\dfrac{1}{50}$

③ $\dfrac{1}{3}$　　　　④ $\dfrac{11}{20}$

[P. 113]
① $\dfrac{35}{36}$　　　② $\dfrac{1}{2}$

③ $\dfrac{3}{2}\left(1\dfrac{1}{2}\right)$　　④ $\dfrac{13}{21}$

[P. 114]
① $\dfrac{9}{5}\left(1\dfrac{4}{5}\right)$　　② $\dfrac{2}{13}$

③ $\dfrac{111}{5}\left(22\dfrac{1}{5}\right)$　　④ 1